U0582596

“中国名门家风丛书”编委会

编辑主持：方国根　李之美

本册责编：段海宝

装帧设计：石笑梦

版式设计：汪　莹

中国名门家风丛书

王志民 主编　　王钧林 刘爱敏 副主编

嘉祥曾氏家风

周海生 著

人民出版社

总　序

优良家风：一脉承传的育人之基

王志民

家风，是每个人生长的第一人文环境，优良家风是中华优秀传统文化的宝库，而文化世家的家风则是这座宝库中散落的璀璨明珠。

历史上，中国是一个传统的农业宗法制社会，建立在血缘、婚姻基础上的家族是社会构成的基本细胞，也是国家政权的基础和支柱。《孟子》有言："国之本在家，家之本在身"，所谓中华文明的发展、传承，家族文化是个重要的载体。要大力弘扬中华优秀传统文化，就不可不深入探讨、挖掘家族文化。而家风，是一个家族社会观、人生观、价值观的凝聚，是家族文化的灵魂。

以文化教育之兴而致世代显贵的文化世家，在中华文明发展史上，是一个闪耀文化魅力之光的特殊群体。观其历程，先后经历了汉代经学世家、魏晋南北朝门阀士族、隋唐至清科举世家三个不同发展阶段。汉代重经学，经学世家以“遗子黄金满籯，不如教子一经”的信念，将“累世经学”与“累世公卿”融二为一，成为秦汉大一统之后民族文化经典的重要传承途径之一。魏晋南北朝是我国历史上一个分裂、割据，民族文化大交流、大融合时期，门阀士族以“九品中正制”为制度保障，不仅极大影响着政治、经济的发展，也是当时的文化及其人才聚集的中心所在。陈寅恪先生说：汉代以后，“学术中心移于家族，而家族复限于地域，故魏、晋、南北朝之学术宗教皆与家族、地域两点不可分离”。隋唐以后，实行科举考试，破除了门阀士族对文化的垄断，为普通知识分子开启了晋身仕途之门。明清时期，科举更成为唯一仕进之途。一个科举世家经由文化之兴、科举之荣、仕宦之显的奋斗过程，将世宦、世科、世学结合在了一起，成为政权保护、支持下的民族文化及其精神传承的重要节点连线。中国历史上的文化世家不仅记载着中华文化发展的历史轨迹，也积淀着中华民族生生不息的精神追求，是我们今天应该珍视的传统文化宝库。

分析、探究历史上文化世家的崛起、发展、兴盛，尤其是其持续数代乃至数百代久盛不衰的文化之因，择其要，则首推良好家风与优秀家学的传承。

优良家风既是一个文化世家兴盛之因，也是其永续发展之基。越是成功的家族，越是注重优良家风的培育与传承，越是注重优良家风的传承，越能促进家族的永续繁荣发展，从而形成良性的循环往复。家风的传递，往往以儒家伦理纲常为主导，以家训、家规、家书为载体，以劝学、修身、孝亲为重点，以怀祖德、惠子孙为指向，成为一个家族内部的精神连线和传家珍宝，传达着先辈对后代的厚望和父祖对子孙的诫勉，也营造出一个家族人才辈出、科甲连第、簪缨相接的重要先天环境和文化土壤。

通观中国历代文化世家家风的特点，具体来看，也许各有特色，深入观其共性，无不首重两途：一是耕读立家。以农立家，以学兴家，以仕发家，以求家族的稳定与繁荣。劝学与励志，家风与家学，往往紧密结合在一起。文化世家首先是书香世家，良好的家风往往与成功的家学结合在一起。耕稼是养家之基，教育即兴家之本。“学而优则仕”，当耕、读、仕达到了有机统一，优良家风的社会价值即得到充分的显现。二是道德传家。道德为人伦之根，亦为修身之基。一个家族，名显当世，惠及子孙者，唯有道德。以德治家，家和万事兴；以德传家，代代受其益。而道德的核心理念就是落实好儒家的核心价值观：仁、义、礼、智、信。中国传统知识分子的人生价值追求及国家的社会道德建设与家族家风的培育是直接紧密结合在一起的。家风是修身之本、齐家之要、治国之基。文化世家的优良家风积淀着丰厚的道德共识和治家智慧，是我们当今应该深入挖掘、阐释、弘扬的优秀传统文化宝藏。

20 世纪以来，中国社会发生了巨大的质性变化：文化世家存在的政治、经济、文化基础已经荡然无存，它们辉煌的业绩早已成为历史的记忆，其传承数代赖以昌隆盛邃的家风已随历史的发展飘忽而去。在中国由传统农业、农村社会加速向工业化、城市化转变的今天，我们还有没有必要去撞开记忆的大门，深入挖掘这一份珍贵的文化遗产呢？答案应该肯定的。习近平总书记曾经满含深情地指出："不忘历史，才能开辟未来；善于继承，才能善于创新。优秀传统文化是一个国家、一个民族传承和发展的根本，如果丢掉了，就割断了精神命脉。"优秀的传统家风文化，尤其是那些成功培育了一代代英才的文化世家的家风，积淀着一代代名人贤哲最深沉的精神追求和治家经验，是我们当今建设新型家庭、家风不可或缺的丰富文化营养。继承、创新、发展优良家风是我们当代人必须勇于开拓和承担的历史责任。

在中华各地域文化中，齐鲁文化有着特殊的地位与贡献。这里是中华文明最早的发源地之一，在被当代学者称为中华文明“轴心时代”的春秋战国时期，这里是中国文化的“重心”所在。傅斯年先生指出：“自春秋至王莽时，最上层的文化，只有一个重心，这一个重心，便是齐鲁。”(《夷夏东西说》）秦汉以后，中国的文化重心或入中原，或进关中，或迁江浙，或移燕赵，齐鲁的文化地位时有浮沉，但作为孔孟的故乡和儒家文化发源地，两千年来，齐鲁文化始终以“圣地”特有的文化影响力，为民族文化的传承、儒家思想的传播及中华民族精神家园的建设作出了其他地域难以替代的贡献。齐鲁文化的丰厚底蕴和历史传统，使齐鲁之地的文化世家在中国古代文化世家中更具有一种历史的典型性和代表性，深入挖掘和探索山东文化世家对研究中国历史上的文化世家即具有一种特殊的意义和重大价值。

自2010年年初，由我主持的重大科研攻关项目《山东文化世家研究书系》（以下简称《书系》）正式启动。该《书系》含书28种，共约1000万字，选取山东历史上的圣裔家族、经学世家、门阀士族、科举世家及特殊家族（苏禄王后裔、海源阁藏书楼家族等）五个不同类型家族展开了全方面探讨，并提出将家风、家学及其与文化名人培育的关系作为研究的重点，为新时期的家庭教育及家风建设提供历史的范例。该《书系》于2013年年底由中华书局出版后，在社会上、学术界都引起了较大反响。山东数家媒体对相关世家的家风

进行了追踪调查与深度报道，人们对那些历史上连续数代人才辈出、科甲连第的世家文化产生了浓厚的兴趣；对如何吸取历史上传统家风中丰富的文化滋养，培育新时期的好家风给予了更多的关注与反思。人民出版社的同志抓住机遇，就如何深入挖掘、大力弘扬文化世家中的优良家风，培育社会主义核心价值观，重构新时代家风问题，主动与我们共同研究《中国名门家风丛书》的编撰与出版事宜，在全体作者的共同努力下，经过一年多的努力，终于完成。

该《中国名门家风丛书》，从《书系》所研究的28个文化世家中选取了家风特色突出、名人效应显著、历史资料丰富、当代启迪深刻的家族共11家，着重从家风及家训等探讨入手，对家族兴盛之因、人才辈出之由、优良道德传承之路等进行深入挖掘，并注重立足当代，从历史现象的透析中去追寻那些对新时期家风建设有益的文化营养，相信这套丛书的出版会受到社会各界的关注与喜爱！

2015年9月28日

于山东师范大学齐鲁文化研究院

目录

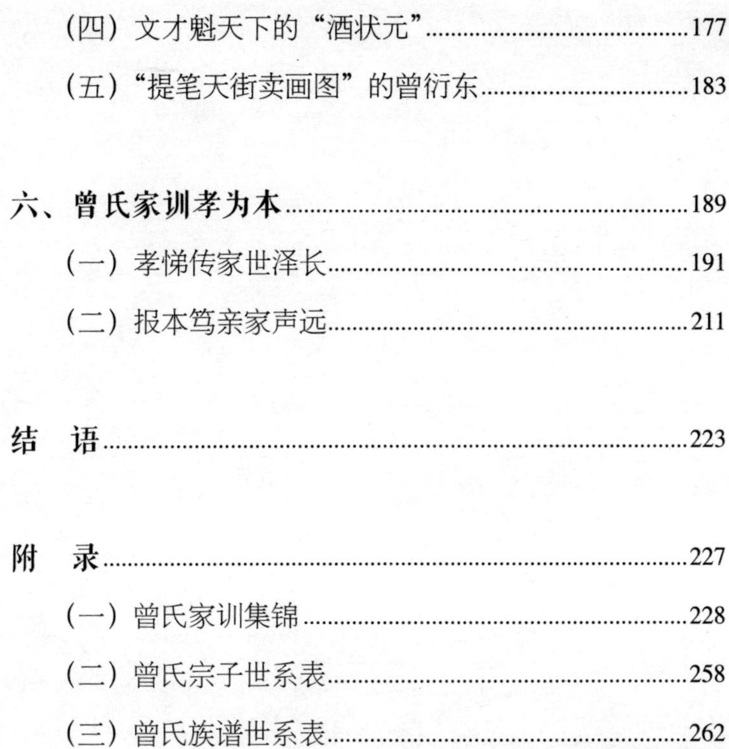

前　言

家风，是一个家庭或家族在世代繁衍过程中形成的道德风尚。家风，传递着祖辈对子孙后代的寄望和训诫，是一个家庭、家族内部的精神连线和传家宝。良好的家风就像一种无形的精神力量，潜移默化，润物无声，成为培育“修身、齐家、治国、平天下”人生价值观的肥田沃土。

人们常说，家庭是人生的第一所学校。一个人的品性如何，深受家庭、家风的影响。纯朴、正派的良好家风，不仅有利于家庭成员的健康成长和道德素质的提高，也有益于家庭的幸福和睦、社会的安定和谐。

一个家庭能不能兴旺发达，关键在于有没有养成良好的家风。中华传统文化是一种责任文化，讲究德治礼序。传统的治家方法，主要是把德、礼结合起来，将其融入家规、家诫、家训之中，借助血脉的传承，使忠孝仁义之道成为子孙后代谨守遵行的道德规范。自汉代以来，名门望族、文化世家历代多有。这些家族多将忠孝、仁义、勤俭、谦谨等作为家训、家风的主旨，提倡父慈子孝、夫义妇顺、兄友弟恭、尊长敬老为主的家庭道德，告诫子孙要孝敬父母，勤俭持家，和顺家门，努力进德修业，敦品励志以光大家风，这对敦化人心、醇厚世风，维护家庭和睦、社会和谐、国家安定起到了至关重要的作用。

作为宗圣曾子后裔的嘉祥曾氏家族，是与孔、颜、孟三氏家族并称的中国古代四大圣裔家族之一，在中国文化世家中占据着特殊而显著的地位。曾氏家族自武城发源，后南迁庐陵，播徙四方，至奉祀归鲁，世袭翰博，迄今后裔已繁衍八十余代，遍布全国乃至世界各地。在二千五百多年的历史长河中，曾氏家族虽历经沧桑变迁，但曾氏后裔秉承曾子遗教，孝悌传家，敦宗睦族，形成了以“以孝为本”的家风，在中国古代家族发展史上留下了一道亮丽的文化风景。

孝为仁之本，是人之所以为人的起点，也是社会伦常道德的基础。孔子提出：“孝，德之本也”，把孝看作实践仁道的入门功夫，认为“人之行，莫大于孝”，故而教育世人“入则孝，出则悌”；并将“孝”与家庭、社会、政治联系起来，视“孝”为治国安邦之道。曾子继承、发展了孔子的孝道思想，提出孝是“天之大义”，是仁、义、忠、信、礼等诸多美德的总和，将孝视为无所不包，超越时空，适用于社会一切领域的永恒法则。在孔子之后的儒学发展中，曾子可以说是儒家孝道理论的集大成者。我们今天看到的《孝经》，相传就是孔子向曾子传授孝道，由曾子及其弟子记录、整理下来的。

而曾子的孝德、孝行，更为世人景仰和推崇。曾子躬耕事亲、将撤请与、思母吐鱼、孝事后母、临终易箦的故事，尤其为后人称道。“曾子质孝，以通神明”，“孝乎惟孝，曾子称焉”，就是后人对曾子孝德、孝行的褒扬。

曾子注重家教，强调要从身边小事做起，培育孩子的道德人格。“杀猪示信”的故事，彰显了曾子对于家教的重视，堪称千古教子的典范。特别突出的是，曾子以其对孝道的倡导和践行，为曾氏家族的家风奠定了基调。明人樊维城对曾子的家教、家风极为推崇，称赞他：“弘毅特肩，系道统于万世；圣勇能任，启家教为大门。”

千百年来，曾氏后裔恪遵祖训，勤勉自励，进德修业，立身行道，内则尽力于谐和家庭、宗族，外则尽力于服务社会、国家，孕育了一代又一代孝子忠臣、仁人义士。诸如，坚志忠义不事新莽的曾据、西府养亲的曾孝宽、养亲抚孤的曾鹤龄、三朝名相曾公亮、忠心谋国的曾从龙、“唐宋八大家”之一的曾巩、文才魁天下的曾棨、撰《曾志》光大祖风的曾承业、清代“中兴第一名臣”曾国藩，等等。曾氏家族之所以在德行、治绩、忠孝、节义、理学、文章等方面，代有闻人，群星璀璨，其根本原因就在于曾氏有良好的家风：“仁义行而孝悌之风兴，惇睦之俗成，尊卑疏戚各安其分，而后子孙又力行仁义，以继续不穷。”

正像宋人陈录在《劝诱文》中说的那样：“以忠孝遗子孙者昌，以智术遗子孙者亡。”家庭成员对一脉相承的家庭、家族的认同与归属，依靠一套系统的人伦道德予以维持。一个家庭以“孝悌”为善德美行，父教其子勉以孝，兄率其弟勉以悌，夫教其妻勉以义，相亲相爱，团结互助，便会生机盎然、其乐融融，这样的家庭一定会吉祥昌盛。推而广之，整个社会形成孝亲敬老的良好风尚，便会和谐安定、健康发展。

随着社会的变迁，中国传统数代同堂的大家庭被三口之家的核心家庭所取代，家族观念逐步淡化。即便如此，家庭作为社会群体和社会生活的基本单位，依然是中国人安身立命的根据地。

天下父母都希望儿女能有出息，望子成龙、望女成凤的夙愿在中国人的观念里根深蒂固。但今天的家庭教育，大多数侧重于孩子的智力、才艺和技能的培育与开发，却往往忽视了对孩子的道德引导、人格养成。数千年来中国人优良的

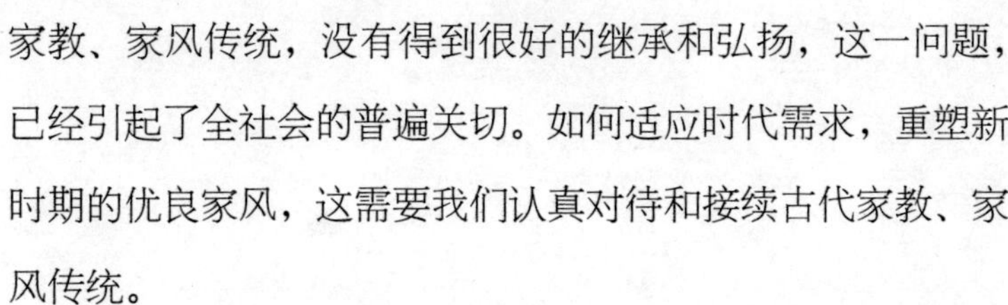

家教、家风传统，没有得到很好的继承和弘扬，这一问题，已经引起了全社会的普遍关切。如何适应时代需求，重塑新时期的优良家风，这需要我们认真对待和接续古代家教、家风传统。

希望宗圣曾氏家族“以孝为本”的家教、家风，能带给我们一些有益的启示。

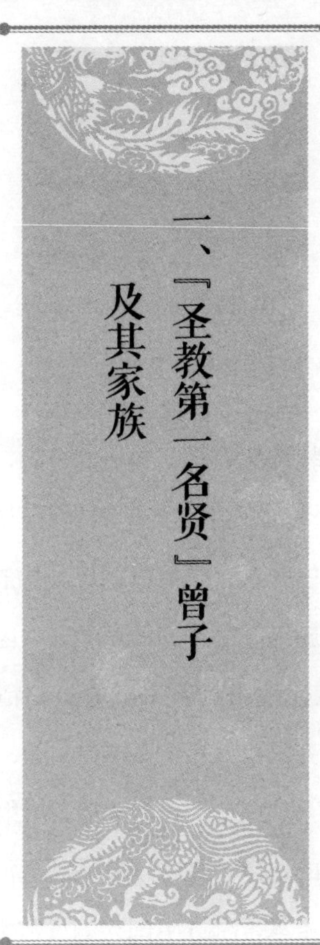

一、『圣教第一名贤』曾子及其家族

中国传统家庭教育深受儒家文化的熏陶，历来注重门楣家风。家风，是一个家庭或家族长期孕育形成的传统风尚，诸如勤俭节约、诚信孝亲、忠义厚德等，构成了家风的基本内容。作为中华民族传统美德的传承载体，家风就像一种无形的力量，潜移默化地影响着家庭成员的精神、品德及行为，树立起修身、齐家、处世的基本准则。

古人说："百善孝为先。"一个孝字，折射出中国传统家教、家风最为突出的特色。在中华文明源远流长的历史长河中，孝道文化一脉相承，融进中国人的日常生活，深入传统社会的每一范围和角落，形成了忠孝传家、孝亲睦族的优良传统。宗圣曾子上承孔子，传《孝经》，作《大学》，大力弘扬儒家学说。曾子之学，传诸子思，开启了思孟学派的端绪，为儒学的传播发展作出了卓越贡献，被后人称为"圣教第一名贤"。曾子以孝著称，在理论上阐发孝道，在实践上竭力行孝，为曾氏孝悌家风的形成奠定了厚实的文化根基。曾子之后，曾氏家族绵延千载，人才辈出。曾氏后人秉承祖训，自强不息，勤勉自励，崇尚"三省"之风，传扬孝悌之道，铸就了以孝为本的曾氏家风，在中国古代家族文化史上留下了一道亮丽的风景。

(一) 源起鄫国　望居鲁郡

曾子（前505—前435），名参，字子舆，春秋末年鲁国南武城（今山东嘉祥）人，后世尊为"宗圣"。根据古籍和族谱的记载，曾子的先祖是上古治水英雄大禹，相传帝舜时，鲧的妻子因梦食薏苡而生禹，所以舜帝便赐禹姒姓。夏代初年，大禹的五代孙少康中兴之后，将次子曲烈封于"鄫"（今山东兰陵），建立鄫国。相传曲烈天生神异，聪慧过人，勤于思考，善于制作工具。他制作了木工用来求直角的矩尺，制造了以竹竿木棒等为支架的方形渔网——罾，制作了拴着丝绳的用来射鸟的箭——矰，烧制了蒸饭盛菜用的陶器——甑，并教族人纺织出多彩图案的丝织品——缯。鄫国在曲烈的治理下，人民富足，力量逐步强大，历经夏商两

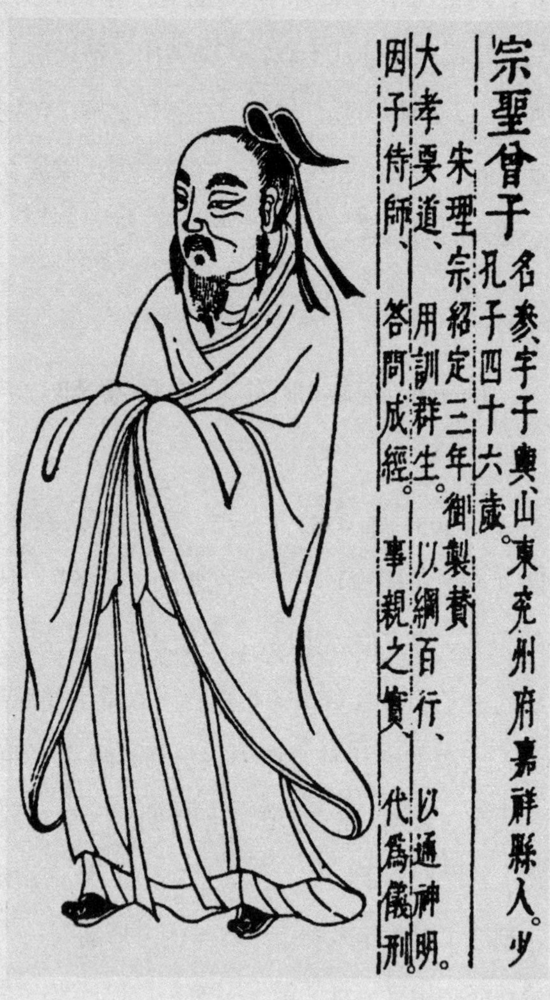
宗聖曾子 名參、字子輿、山東兗州府嘉祥縣人。少
孔子四十六歲。
宋理宗紹定三年御製贊
大孝要道、用訓群生。以綱百行、以通神明。
因子侍師、答問成經。事親之實、代爲儀刑。

宗圣曾子

代而不衰。

周武王灭商建立周朝之后，封鄫国国君为子爵。到了春秋时期，鄫国渐趋衰微。在列国纷争的乱局中，因为国力弱小，鄫国常常受到近邻邾、莒等国的欺凌。为了保己生存，鄫国便与较为强大的鲁国建立了婚姻关系，希望通过政治联姻而得到鲁国的庇护。但鄫国国君又力图保持独立诸侯国的地位，并不情愿接受附庸国的身份，惹得鲁僖公非常恼怒。僖公十四年夏六月，鄫国国君在僖公之女、夫人季姬的劝说下，才被迫前往鲁国朝见。

鲁僖公十九年（前641）的六月，宋襄公召集曹、邾等国在曹国南部会盟，意图称霸中原。由于鄫国国君未能及时到会，宋襄公大为恼火，以鄫国国君失大国会盟之信为借口，指使邾文公将其拘禁，用他为牺牲来祭祀睢水的"妖神"，无力自保的鄫国，只得眼睁睁地看着国君被杀害。鲁宣公十八年（前591）秋，趁着晋、楚双雄争战中原之际，邾国出兵攻伐鄫国，邾国军队不仅大肆掳掠，使鄫国百姓饱受战祸，还把鄫国国君杀害了。前后五十年间，鄫国二君惨遭杀身之祸。可见，春秋前期的鄫国国势之衰弱，已经到了"人为刀俎，我为鱼肉"任人宰割的地步。

在弱肉强食的乱局中，鄫国为时势所逼，不得不正式请求作为鲁国的附庸，以寻求暂时的避风港。鄫国国君时泰又娶鲁国公室之女（鲁襄公母之姐妹），生子巫，立为太子。而莒国为达到控制鄫国的目的，也将女儿嫁给鄫国国君，所生之女又返嫁莒国国君，为莒国夫人。鄫国也就在鲁、莒两国的夹缝之中艰难生存。鲁襄公四年（前569），鲁国取得春秋霸主晋国的同意，将鄫国作为自己的附庸国，并帮助鲁国向晋国缴纳贡赋。当得知鄫国附庸于鲁的消息后，莒国马上联合邾国出兵讨伐鄫国。鲁襄公派大夫臧纥率军救援鄫国，两军战于狐骀（今山东滕州市东南），鲁师大败。狐骀之战的失利，不仅使得鲁国军力大伤，也削弱了鲁国保护鄫国的信心。

鲁襄公五年（前568），晋侯召集鲁、宋、陈、卫、郑、曹、莒、邾、滕、薛、齐、吴、鄫等国在戚地（今河南濮阳）会盟，准备出兵戍守陈国，以联合抗楚。由于莒国对鄫国附属于鲁耿耿于怀，侵鄫意图明显。鲁国大夫叔孙豹，担心鲁国如不能保护鄫国，将会招致其他诸侯的谴责，使鲁国处于不利局面，所以让鄫国仍然以独立诸侯国的身份参加盟会。但鄫国自恃有鲁国作后盾，对莒国态度怠慢。襄公六年（前567），“莒人灭鄫”。这里所说的“灭”，并不是通过战争攻灭鄫国，而是以武力为要挟，立鄫国国君的外甥、莒国公子为鄫国新国君，正所谓“家立异姓为后则亡，国立异姓为嗣则灭既尽也”。莒国通过改立异姓为鄫国国君的办法，取得了对鄫国的控制权。从此，鄫国即名存而实亡。二十余年后，鲁国又趁莒国内乱，国势衰落之机，取得鄫地。此后，鄫地就归属于鲁，直到为楚国所吞并。

自曲烈始封国于鄫，到公元前567年"莒人灭鄫"，鄫国历夏、商、周，传五十三世，千有余载。而在莒人灭鄫之后，鄫国世子巫被迫出奔到鲁国，欲借鲁援而复国，但鲁国却无力助鄫。由于复国无望，身怀亡国之痛的世子巫遂去鄫之"阝"(代表国土、食邑)而留"曾"，折散在鲁的鄫国王室后裔，便以曾为姓，此为曾氏得姓之始。太子巫，即曾氏肇姓之始祖。

鄫世子巫国亡奔鲁，曾氏一脉便在鲁国瓜瓞绵延。到曾子的父亲曾点这一代，曾氏在鲁国传衍四代，即巫生夭，夭生阜，阜生点。曾夭，担任过鲁国执政大夫季孙氏的家宰；曾阜，为叔孙氏家臣，都属于有一定社会身份和地位的士阶层。此外，《左传》襄公二十九年还记载了一位鄫鼓父，宋人邓名世在《古今姓氏书辩证》中说："鄫子之后，仕鲁者以国为氏。"大概在鄫国晚期动荡的时局中，许多鄫国人逃亡到了鲁国，而居鲁之后，已开始呈现出族群的衍化。

曾点，字皙，又称曾皙，是孔子开办私学时招收的第一批弟子之一。据《孔子家语·七十二弟子解》记载，曾点痛心于当时的礼教不能得到推行，很想改变这种礼崩乐坏的乱象，所以得到了孔子的赞赏。

《论语·先进》篇“四子侍坐”章记载了曾皙与子路、冉有、公西华在孔子面前言说志向的故事，子路表示自己可用三年的时间，稳定一个岌岌可危的诸侯邦国；冉有说自己能够治理一个国土六七十里或五六十里见方的小国，用三年时间可以使百姓饱暖；公西华则说愿意穿着礼服，戴着礼帽，在朝聘或盟会中做一个小小的赞礼人。子路能力超群，冉有多才多艺，公西华熟谙礼学，都是治国理政的难得之材，但对他们的志向孔子却未加赞扬。不过，当曾点说出自己的志向，在暮春时节和五六位成年人，六七个少年，去沂河里洗洗澡，在舞雩台上吹吹风，一路唱着歌回来。孔子听了之后，禁不住慨叹说：“我赞成曾点的想法啊！”

在孔门七十二贤中，论才论学，曾点都算不上出类拔萃。尤其是和孔门四科中以政事著称的冉有、子路相比，曾点更是难以望其项背。但四人言志，孔子却唯独倾心于曾皙的回答，这是什么原因呢？我们知道，孔子“祖述尧舜，宪章文武”，毕生都在为实现“天下大同”的理想而努力，但他周游列国十四年，大道却不能得到推行。子路、冉有、公西华三人以仕进为心，欲得国而治之，但在礼崩乐坏、道消世乱的时代，其志向未必能够得以实现。曾点为孔门狂士，他用“春风舞雩”之语描绘出一种活泼生动、歌咏自适的人生意境，同时也谦逊地表达了自己复礼的志向和实现人类、万物各得其所的理想，其志向与孔子"老者安之，朋友信之，少者怀之"的理想是一脉相承、契合无间的。因此，孔子听闻其言，有感于往日"浮海居夷"之思，故不觉慨然兴叹，表示深深的赞许。

汉代以来，随着儒学独尊地位的确立，历代统治者都大力提倡儒家伦理道德，尊崇孔子，加强教化。在对孔子进行封谥的同时，对孔门弟子也给予了极大的优遇。作为孔门七十二弟子之一，曾点也受到了格外的礼遇和尊崇。

东汉明帝永平十五年（72）二月，汉明帝刘庄东巡狩，三月至曲阜祭祀孔子，并将七十二弟子一并祭祀。从此，曾点就作为儒家的重要人物之一配祭孔子。

唐开元二十七年（739），唐玄宗下诏追谥孔子为"文宣王"，并赠颜渊等十位弟子爵公侯，又赠曾参以降六十七人，封赠曾点为"宿伯"。

宋大中祥符元年（1008），宋真宗封禅泰山，当年十一月驾临曲阜，拜谒文宣王庙，加谥孔子为"玄圣文宣王"。次年，下诏追封十哲为公，七十二弟子为侯，曾点被封为"莱芜侯"。

明嘉靖九年（1530），明世宗嘉靖皇帝下令礼部会同翰林院详加商议孔子祀典，最后议定："十哲以下凡及门弟子，皆称先贤某子；左丘明以下，皆称先儒某子，不复称公侯伯……凡学别立一祠，中叔梁纥题启圣公孔氏神位，以颜无繇、曾点、孔鲤、孟孙氏配，俱称先贤某氏。”此后，曾点就被尊称为“先贤曾氏”。

清雍正元年（1723），追封孔子上五代祖先为王，将供奉孔子父亲叔梁纥的家庙改为崇圣祠（或称五代祠），供奉孔子上五代祖先——肇圣王木金父、裕圣王祁父、贻圣王防叔、昌圣王伯夏、启圣王叔梁纥，同时，将曾点（曾子之父）与颜路（颜子之父）、孔鲤（子思之父）、孟孙激（孟子之父）配享崇圣祠。

曾点服膺孔子之道，在儿子曾参年幼时就对其进行儒家思想的教育，后来又让曾参也拜孔子为师。父子二人同为孔门弟子，在后世传为佳话。据《说苑·立节》“曾子衣弊衣以耕”，《孔子家语·六本》“曾子耘瓜”以及《韩非子·外储说左上》“曾子之妻之市，其子随之而泣”等记载，我们知道，在曾参生活的时代，曾氏是个躬耕田亩的平民家庭。司马迁在《史记·仲尼弟子列传》中记载：“曾参，南武城人”，可知在春秋晚期，曾氏已在鲁国南武城定居生息。曾参娶妻公羊氏，育有三子：曾元、曾申、曾华。曾元，仕鲁，任兵司马。曾华，仕齐，为大夫。曾申则随子夏学《诗》，从左丘明学《春秋》，在当时是一个以知礼闻名的

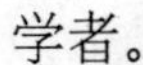

学者。

曾氏家族自曾参以来，至十五代孙曾据世代居住在东鲁南武山左，或耕读，或出仕，可谓耕读仕宦之家，其家族世系也有了较为确切的记载。曾参又因其传道之功，为历代帝王所尊崇，配享孔庙，规格居于其父曾点之上。因此，明崇祯年间曾氏东、南两宗联修《武城曾氏族谱》时，就把曾参作为曾氏家族的开派祖先，将山东嘉祥视为曾氏家族的第一发脉地。

（二）南迁庐陵　播迁江南

根据《武城曾氏重修族谱》的记载，曾据之前曾氏族人已有向陕西、甘肃、河南、湖南等地迁徙者。如曾参的次子曾申一支就有多人向西迁徙至陕甘一带，曾西之孙曾芬任官于茶州（今湖南茶陵），遂于其地而家。此外还有徙居长沙、吴郡（今江苏苏州）、豫章（今江西南昌）等地的。这些向外地迁徙的曾氏后裔，多为曾氏旁支，大致属于一家一户的单独移居，其迁徙原因一般是在外地为官而后留居繁衍，初步形成了曾氏家族的早期迁徙网络。而大规模的整体外迁，则是从西汉末年曾据开始的。

西汉武帝时期，儒学取得文化正统的地位，儒家政治力量的隆盛，不仅开启了以孔子为代表的圣裔家族受封袭爵的先例，也使得士人与传统宗族的结合愈加紧密。王莽篡夺汉室的行为，招致士人、宗族的激烈反对。曾子后裔持德守义，耻与王莽同流，在曾子第十五代孙曾据的带领下，渡江南迁，成为曾氏家族发展史上的一大转折。

曾据，字恒仁，汉时袭封都乡侯，后因功加封关内侯。曾据之弟曾援，官都乡侯。由此看来，在西汉时期，曾氏家族也具有相当的政治地位。汉宣帝以后，政权渐为外戚王氏一门所把持。元始五年（5），以宰辅之号扶持国政的王莽毒死汉平帝，立年仅 2 岁的刘婴为“孺子”，而王莽则自称“假皇帝”，摄理朝政。初始元年（8），王莽改国号为“新”，正式建立新朝。对王莽篡汉的行为，曾据极为不满。因“耻事新莽”，曾据在王莽始建国二年（10）十一月领家属千余人挈族南渡，徙居豫章庐陵郡吉阳乡（今江西吉安）。曾据也因此被曾氏后人尊为南迁始祖。

曾据生有二子：长子曾阐，次子曾玚。曾阐居吉阳，曾玚之后徙居虔州（今江西省赣州市西南）。东汉光武帝刘秀光复汉朝之后，曾氏子孙出仕为官者人数众多，如曾据之孙曾永任官御史大夫，曾曜为福州刺史，曾常为鸿胪寺卿，曾据之曾孙曾燿官谏议大夫，后任福州刺史；曾辑任广州刺史；曾万在汉安帝时奉旨征讨南夷，开拓南康之境，后官将军；曾杼为苍梧太守，后封临辕侯；曾懋官五承事等。但曾氏家族自南迁之后，因丧失旧有田土、禄位，无形中削弱了自身的根基，再加上初入江南，势单力薄，其立足自然也需要相当的时间来完成。因此，在世家大族垄断政权的魏晋时代，曾氏家族几乎没有任何可资凭依的政治地位和经济基础。入唐，中国传统社会走向了空前统一安定、繁荣昌盛的时期，曾氏家族在南方也得到了长足发展，子孙繁衍，不断向江西、福建、广东等地播迁。从曾子第三十三代孙曾丞之后，曾氏家族在南方的三大房系开始形成，逐渐立定根基，成为当地著姓望族。

据《曾氏族谱》记载，曾据十八传至曾丞（曾子第三十三代孙），任唐司马兼尚书令。丞生三子：长子珪、次子旧、三子略。曾珪、曾旧、曾略形成曾氏南迁之后的三大主要房系，号称曾氏"老三房"。

曾珪，字子玉，世居吉阳乡。四传至曾庆（曾子第三十七代孙），官御史大夫，为官耿直，远近畏惮。曾庆生二子：曾伟、曾骈。曾伟居吉水仁寿乡，生子曾辉，徙居永丰睦陂。曾辉生四子：崇鼎、崇郯、崇德、崇桢，分为东西南北四宅，分徙数十处。曾骈迁居永丰木塘，生子曾耀。曾骈二十二传至曾质粹，于明嘉靖年间应诏徙归山东嘉祥，钦授翰林院五经博士，奉祀曾子祠墓。

曾旧，字惟仁，唐代宗大历十一年（776）进士及第，累官至紫金光禄大夫，赠上柱国鲁郡开国公。唐元和二年(807) 由吉阳迁乐安云盖乡，生三子，分徙崇仁咸溪（今乐安）、永丰新江、虔州（今赣州）等地。

曾略，唐时官金紫银青光禄大夫、节度使，由吉阳迁居抚州西城，五传至游、洪立、宏立（曾子第三十八代孙）。曾游，官授镇南节度左相兵马使，后梁开平戊辰（908）改授江州刺史，驻守江西、湖东等处。曾洪立，唐昭宗时官南丰县令，累升检校司空、金紫光禄大夫、典南门节度使，居抚州南丰南城。曾宏立，唐昭宗时官镇南节度左厢兵马使，后改任抚州军节度使。曾游、曾洪立、曾宏立被曾氏后人尊为“南丰三祖”。

曾据南迁之后，曾氏家族就以庐陵为中心，在江南繁衍发展，庐陵也因此被称为曾氏家族第二发祥地。

自汉至唐，曾氏族人主要是由江西向东南方向的福建、广东一带移徙。唐末宦官专权，赋税苛重，朝政败坏，使得天下百姓“哀号于道路，逃窜于山泽。夫妻不相活，父子不相救”，社会矛盾日趋尖锐。王仙芝、黄巢等聚众起义，转战黄河两岸，并从河南挥师南下，横渡长江，突入江西，连下虔、吉、饶、信诸州，深受战乱之苦的百姓，大量东向、南下迁入福建的汀州，广东的潮州、循州一带。江西曾氏族人就在此时经江西广昌、石城，到达福建的宁化、长汀、上杭，以及广东平远、兴宁、五华等地。

唐僖宗光启元年（885），河南光州府固始人王潮组织乡兵南下入闽，"招怀流离，均赋甲兵，吏民咸服"，中原士民避乱者皆徙以从。王潮妹夫曾延世也于此时携家入闽，随迁于漳、泉、福之间，"家于泉之晋江"龙头山。随着人口的渐增，复徙于漳州、平和及兴化三山等处。曾氏进入广东的时间相当早。汉献帝建安年间，曾子第十八代孙曾懋就已徙居广州韶川（今广东韶关）。三国时期，曾子第二十二代孙曾震忽也定居于韶州（今广东韶关南）。宋元之际，曾桢孙（一作祯孙，曾子第五十五代孙）、曾佑孙兄弟由福建宁化移居广东长乐，曾佑孙长子曾广新又徙居广东兴宁，曾氏后裔逐渐遍布于兴宁、长乐、镇平、平远、嘉应、海丰、广州等地。

隋唐五代时期，曾氏家族一直处于频繁的流动迁徙之中，仕宦不显，因此曾氏后裔见诸史传者极少，以致宋代韩琦在《曾氏族谱序》中禁不住叹息说："历汉唐千有余岁，晦而罕有闻者"。北宋王朝的建立，结束了五代十国的割据分裂局面，实现了中原和南方地区的统一。北宋时期，社会经济得到较大发展，经济重心转移至江南，曾氏家族也开始迁居到江苏、浙江一带经济比较发达的地区。另一方面，宋朝统治者崇儒佑文，提倡文教，有所谓“半部《论语》治天下”之说。科举遂为世所重，成为士人竞趋的对象。通过科举起家成为名卿重臣，为家族发展奠定基础，而后子孙相继，读书治学，出仕为官，光耀祖庭，成为宋代世家大族的一个显著特征。宋代著名史学家刘邠曾说：“本朝选士之制，行之百年，累代将相公卿，皆由此出”。曾氏家族发展到宋代，大启书香，出现了南丰曾氏、晋江曾氏、章贡曾氏为代表的新兴文化家族。王定安说，曾氏南迁之后，几绝而延，至“南丰望族，阀阅始传。”“江南三曾氏”的崛起，迎来了曾氏家族发展史上的一个新的阶段。

曾氏自移居福建晋江之后，子孙繁衍众多，至宋代科第连捷，人文鼎盛，盛况空前。曾延世后裔曾会于宋太宗端拱二年（989）高中榜眼，授光禄寺丞直史馆，以文章名于世。曾会之子曾公亮，历仕仁宗、英宗、神宗三朝，以儒术吏事见推一时，为北宋名相、一代宗臣，赐谥“宣靖”。曾公亮致仕后四年，其子孝宽为枢密直学士、起居舍人、签书枢密院事，父子世为公辅。此后，曾怀、曾从龙又为宰相。晋江曾氏，以进士起家“一门四相”，家族之显赫，可谓前所未有。

而南丰曾氏自曾致尧之后，仕宦济济，卓然为当地一大名门望族。曾致尧于宋太宗太平兴国八年（983）举进士及第，累迁光禄寺丞、两浙转运使、户部郎中，为官清正，直道正言，深受民众爱戴。曾致尧生有七子，均登进士第。曾致尧之孙曾巩是北宋中期著名文学家，以道德文章名于世，与欧阳修、王安石、苏洵、苏轼、苏辙和唐代的韩愈、柳宗元并称为“唐宋散文八大家”，学者宗之。

曾氏族人贤才辈出，相接于仕途，宦游日繁，曾氏后裔亦随官而迁。如曾孝宽自福建晋江迁居江苏江阴；曾布因与蔡京政见不合，出守润州（今江苏镇江），“子孙遂世居之”；曾怀自京城迁居江苏常熟等。

北宋初年，曾氏迁居湖南。宋太宗雍熙年间（984—987），曾孟鲁（曾子第四十二代孙）由江西永丰睦陂徙居湖南茶陵州（今湖南茶陵）。曾孟鲁四传至曾埙，再徙居衡州府衡西唐福（今属衡阳），曾埙十一传至曾祖仔，为衡阳曾氏繁衍最盛期。明初洪武时期，衡阳曾氏已逐渐形成以曾祖仔之孙大若、大湖、大光、大忠为主的四房派系。

明清易代之际，曾氏在湖南境内的迁徙达到高潮。大若房后裔迁往常宁、耒阳、宝庆等地，大忠房后裔徙祁阳、耒阳、清泉、常宁等地，大湖房后裔迁往常宁、耒阳等地，大光房曾孟学（曾子第六十二代孙）移居湘乡。湘乡曾氏自曾孟学迁徙来居，累世力农，经曾孟学之曾孙曾贞桢艰苦奋斗，基业始宏。再经曾尚庭、曾衍胜父子两代的守成，曾兴攺的重振家业以及督责子弟在功名上求发展，穷年砥砺，期于有成，为曾国藩进入仕途奠定了良好的基础，终于使得湘乡曾氏由下层士绅一跃而跻身于士宦之林，成为近代著名的文化家族；更由于曾国藩在平定太平天国之役所建立的赫赫功勋，与曾国荃胞弟二人各得五等之爵，门第鼎盛，为清代二百余年中所未见。

此外，宋元明时期江西曾氏族人迁入湖南新化、湘潭、益阳、邵阳、宁乡、石潭、沅江、醴陵等地的，更是人数众多。汉寿、岳阳、临乡、衡山等地也有曾氏后人迁入。

清前期，因四川地广人稀，急须充实人口以开垦，朝廷实行“各省贫民携带妻子入蜀中垦者准入籍”的奖励垦荒政策，两湖百姓，大举入川，这就是著名的“湖广填四川”。曾氏族人也纷纷加入这次西行之列，徙居江津、富顺、成都、仁寿、资阳等地，迁徙地域主要集中在长江北岸与嘉陵江的三角地带。

明代崇祯十五年（1642），就有曾氏后人渡海入台。康熙二十二年（1683），清朝统一台湾，设一府三县进行治理。其后二百余年间，闽南粤东沿海之民渡海入台者连绵相继。曾氏后人入台者也为数众多，几乎遍及台湾的每一个角落。《重修台湾省通志》所收迁台曾氏后裔姓名可考者 106 人，实际上移居台湾的曾姓要远远多于此数。迁徙入台的曾氏族人主要分布在新竹、台南、彰化、南投等地，以垦荒为生。在辛苦经营的过程中，同族、同姓的联合，成为拓殖凝聚力的最主要来源。经过几百年的繁衍，台湾曾姓成为全台二十大姓之一。

18 世纪前后，曾氏族人还远涉重洋，到海外谋生，侨居地点大部分在南洋，新加坡、印度尼西亚、马来西亚、泰国、缅甸等地都有曾氏族人的足迹。

综合起来看，曾氏家族在中华域内之迁徙，大致可分为三个时期：第一期肇端于新莽时期南迁庐陵，其徙居地域主要在江西一带。第二期肇端于唐末黄巢起义，历经宋、元、明三朝。其徙居地域主要为福建、广东、海南、江苏、浙江、河南、湖南、湖北、广西诸省，其迁移方向大致是由江西南丰至闽、至粤东，再至江浙、两湖。这一时期，曾氏家族还因奉祀宗圣，一支回归山东，使得千余年后曾氏在山东繁衍相继，并遍及北方。第三期则肇端于清初以来巴蜀人口之充实、台湾之开发，其徙居地域主要集中在四川、台湾两地。18 世纪以后，曾氏族人已遍及华夏，并播迁到世界各地。其支蕃派衍，就如水行地中，无往而不在。

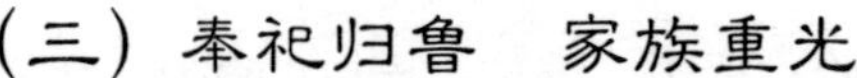

（三）奉祀归鲁　家族重光

从曾子到曾据，曾氏家族一直以南武城为中心，生息繁衍。自曾据挈族南迁庐陵之后到明嘉靖年间，与曾氏家族在南方的兴盛形成鲜明对比的是，1500余年间山东几乎见不到曾氏嫡裔的踪影，以致嘉祥祖籍祠墓荒芜。山东曾氏家族的重兴，关键在于嘉靖十四年（1535）曾质粹奉诏北归嘉祥，奉祀曾子祠墓。这是曾氏家族发展史上具有重大意义的事件。

自汉武帝“罢黜百家，表彰六经”以来，儒学成为中国古代社会占据主导地位的意识形态，历代帝王在尊崇孔子的同时，对孔子弟子也一再追封加谥，如唐太宗时期遵循古代成例，尊孔子为先圣，颜子为先师，确立了颜子配享孔子的崇高地位。而唐玄宗则以颜子为孔门诸贤之首，对之景仰有加，称之为“亚圣”。后世对颜子更是尊崇无比，元代至顺元年（1330）封为“复圣公”。自北宋以来，随着孟子地位的提升，北宋元丰七年（1084）配享孔庙，元代加封为“亚圣公”。而对孔、颜、孟三氏后裔，历代帝王也是“代增隆厚”、“恩渥倍加”，除孔子嫡裔由奉祀君、褒成侯直至册封为衍圣公，并世袭曲阜知县外，明代宗景泰三年（1452）又置颜、孟二氏世袭翰林院五经博士各一人。与颜、孟相比，曾子虽然在唐睿宗太极元年(712)配享孔子庙庭，并在宋度宗咸淳三年（1267）正式晋升四配之位，到了元代又被加封为“宗圣公”，但由于曾氏子孙离鲁南迁，流寓四方，北支乏人，以致曾氏后裔在很长时间内没有得到统治者的眷顾。

朱元璋建立明朝之后，充分认识到儒家思想修齐治平的政治功能，正如他所说：“圣人之道，所以为万世法。……武定祸乱，文治太平，悉此道也。”于是他对孔子顶礼膜拜，用儒家学说普及教化，使得明朝建国之初便出现了盛况空前的尊孔崇儒的思潮。对于圣裔家族，明代统治者也给予了非常优厚的礼遇。

明弘治四年（1491），山东嘉祥县儒学训导娄奎上疏说：“本县系郕国宗圣公曾子阙里，庙堂配享有子思、阳肤、公明宣等数人……”正德年间，山东按察司签事钱宏巡历至嘉祥，拜谒曾子祠墓后，叮嘱地方官员悉心访求附近有无曾姓后人。嘉靖十二年（1533）四月，吏部左侍郎兼翰林院学士顾鼎臣以道统授受之功曾子为大，而现今“颜、孟子孙皆世袭博士，而曾子之后独不得沾一命之荣”为由，上疏请求照颜、孟二氏事例，“访求曾氏子孙相应者一人，授以翰林院五经博士，世世承袭，俾守曾子祠墓，以主祀事”。但因曾氏历世久远，谱牒无传，礼部官员十分谨慎，为避免伪冒之弊，遂请旨令山东巡抚、巡按官亲临嘉祥县查访，“详考历代支系之真”，会同县学官吏师生并年高父老，逐一询问。并“通行天下南北直隶十三布政司、抚按衙门，一体访求”，确保曾氏正派子孙，以承大贤之泽。嘉靖十四年，江西按察司提学副使徐阶奉旨亲到永丰县访查，曾氏后人曾质粹抱谱应诏。曾质粹，号南武，自幼生长于江西吉安府永丰县。为避免冒滥之弊，杜绝夤缘争讼之端，徐阶仔细查阅了曾质粹携带的《曾氏族谱》，并详细询问曾氏族人，对曾氏家族的根源流派、嫡庶支系及当时曾氏嫡裔的传承情况作了深入了解，一一勘核详明。

按照中国古代荫袭之法，官必嫡袭，嫡绝次承，只有嫡系绝嗣的时候才以次支继承。袭封大事，荫典所关，必须勘结详明，族属平服，永无争议，朝廷才会准许袭封。儒荫为国家重典，与别荫不同，自然应当由曾氏嫡裔子孙承继宗祧。但身为曾氏嫡裔的曾伟后人曾嵩、曾衮兄弟却徘徊观望，以“生长南方，不乐北徙”为由，不愿北迁。而曾骈后人曾质粹虽非曾子嫡裔，但却“素念远祖，追求不已”，经曾氏合族推举，由曾质粹承守宗圣祀事。徐阶便将曾质粹送至京师，请朝廷定夺。经礼部会奏，曾质粹奉朝廷之命徙归山东兖州府嘉祥县，以衣巾奉祀宗圣祠墓。曾质粹虽然是以小宗的身份承祧大宗，但自曾质粹承继曾子祀事以后，曾氏族人便把曾质粹的先祖曾骈这一支称为“东宗”，把曾伟一支称为“南宗”。

自曾氏后裔归居祖籍山东嘉祥之后，明清两代多次拨款重修宗圣曾子庙墓，并派遣官员致祭，对嘉祥曾氏更是恩渥倍加，不仅准许世袭翰博，赐予祭田户役，免除差徭，在科举考试之外享有岁贡、恩贡的优遇，而且曾氏族裔还得以参加帝王临雍释奠大典。承祖先遗泽，嘉祥曾氏成为与孔、颜、孟三氏并称的中国古代社会四大圣裔家族之一，在山东绵延相继，气象一新。

嘉靖十八年（1539），嘉靖皇帝下旨，照颜、孟二氏例，授曾质粹为翰林院五经博士，准予世袭。此为曾氏翰博世袭之始。尽管在曾质粹去世之后，发生了南宗曾衮及浙江绍兴曾益争袭翰博事件，但经过山东、江西地方官员及礼部的详细勘核，辨其悖谬欺罔，斟酌裁断，最后仍确定曾质粹为曾子嫡派，由曾质粹后裔世承爵秩，主持宗圣祀典，“永为信从”。

清朝定鼎中原之后，仍实行尊崇先圣、优礼圣裔的政策，孔、颜、曾、孟四氏照旧袭封，一切优崇之典“悉照前朝旧制相沿”。从五十九代曾质粹到七十五代曾倩源（原名庆源），曾氏“世袭翰林院五经博士”共历经 17 代、396 年。

宗圣殿

1935年，国民政府下令废除孔氏衍圣公及颜、曾、孟三氏“世袭五经博士”封号，委任“奉祀官”。根据这一规定，曾子七十六代孙曾繁山被委任为宗圣奉祀官。当年，孔、颜、曾、孟四氏奉祀官专程到南京参加就职典礼。曾氏“世袭翰林院五经博士”才正式宣告终结。

曾质粹承主宗圣祀事之后，嘉靖十八年(1539)四月，嘉靖帝就下旨命都察院与山东巡抚、巡按急将“护坟、供祀田土、住第等项事情逐一议处停当，不许迟慢”。仍照颜、孟事例，赐田60顷，其中庙田五十顷，以供庙祭；墓田十顷，以供墓祭；应纳钱粮，准予豁免；庙户十四户，免除差徭，专事林庙洒扫护卫。万历、天启年间，又增拨郓城县地方开荒闲地5顷、嘉祥县南旺湖水田30中顷、白莲教产5顷，以供曾子庙祀；并多次拨给林、庙佃户供曾庙洒扫。入清以来，沿袭旧例。同时为了避免地方官员强权侵扰或豪民妄生觊觎之心，翰博曾衍棣又于乾隆三年、乾隆五年两次呈请，将祭田等处注明界址，载入郡邑志，以垂永久。同治五年(1866)，曾国藩驻师济宁，特到嘉祥拜谒始祖宗圣庙，并出俸银千两，增置祭田2顷有余。同治十三年(1874)，代翰博曾广莆又呈请河东河道总督，将南旺湖被淹祭田抵换调于湖荒段落，计4段30中顷，并咨请户部查明议复，令其“世守管业，以隆祀典”。

除赐予祭田、庙户外，朝廷还专设礼生及奉祀生负责曾庙、曾墓的具体事务及祭祀礼仪。礼生就是在曾子祭祀活动中负责礼仪方面的生员，又分为“赞礼生”和“爵帛生”。礼生在祭祀时担任赞礼，爵帛生则在祭祀时捧献爵、帛，都享有优免差徭的特权。明嘉靖二十二年（1543），曾质粹以“有庙则有田，有田则有祭，有祭则有礼生”为由，奏准在嘉祥附近州县“令民间俊秀子弟娴礼度者充是选”。曾承业再于万历十九年奏请：“准照颜孟二庙事例，额设礼生60名，于民间选俊秀子弟，除去民徭，在庙执事”。从此，曾庙礼生始有定额。

祀生主要负责嘉祥曾子庙墓以及其他地方曾氏族人设立的宗圣祠等祭祀活动中的具体事务。奉祀生从曾氏后裔中选拔，经礼部审查注册，给予衣巾奉祀。清雍正四年(1726)，有奉祀生18名。乾隆年间，陆续增置，设奉祀生24名。后来，又陆续增至36名。

曾氏家族的政治特权不仅在于有朝廷赐予的祭田户役，还体现差徭优免上。世袭翰林院五经博士虽然仅是正八品官员，但因有优崇圣裔的因素在内，其优免不在定例之限，而属于朝廷额外的“特恩”。因此，明清朝廷优渥曾氏家族，不仅给予曾氏翰博及其族人免粮当差的特权，而且依附于他的钦拨庙户、佃户、礼生等都可以得到优免差徭的待遇，凡属圣贤后裔以及庙丁、礼生、乐舞生，一切地亩杂项差徭，概行蠲免。对于地方官员借口财政困难摊派差徭者，朝廷多次移咨山东抚院，严饬地方遵例蠲免，这不仅为曾翰博府提供了经济上的保障，也保证了曾庙各项祭祀典礼的正常进行，突显了嘉祥曾氏不同于一般科第乡绅的特殊政治地位。

在崇儒重道的社会氛围里，宗圣后裔的差徭优免不仅仅局限于嘉祥曾氏，还扩展到留居江南的曾子后裔。只要是“圣贤”后裔，人无丁役，地无差徭。“凡遇保甲区首、团总社长、运丁夫役、行铺船户、采买谷仓及一切杂派差徭，毋得任派曾氏子孙承办”，可见，全国各地曾氏后裔的丁役、杂泛的优免范围，是非常广泛的。

同时，为优崇圣贤后裔，胥教诲而育才俊，宋代始建庙学，明正统年间改为“三氏学”，但止及孔、颜、孟三氏子弟。曾质粹北归嘉祥之后，对曾氏子孙入学习礼之事极为看重，嘉靖二十八年（1549）九月奏请朝廷，希望将曾氏“子孙与三氏子孙均沾教化，改为四氏儒学”，但因为曾氏初还故里，子孙稀少，繁衍未多，所以此事就暂时搁置下来。直到万历二年（1574），待袭翰博、年方13岁的曾承业才作为曾氏第一位入学者入学读书。

万历十五年（1587），山东抚按李戴奏称：“国家设立三氏学，优崇圣贤后裔……而不及曾氏者，缘曾氏子孙流寓江西，至嘉靖年间奉钦依世袭博士，始复还山东依守坟庙。今虽子孙微弱，尚未蕃衍，但今系先贤之后，教养作兴，委不可独缺。”经朝廷议准，自万历十六年起，增入嘉祥曾氏，改名“四氏学”，招收孔、颜、曾、孟四氏子弟入学。

四氏子弟在乡试中享有特别优厚的待遇，明天启元年(1621)，礼部议准在乡试时，将孔氏后裔另编“耳”字号。填榜之时如无孔氏中式，则于该耳字号卷内择文理稍优者中式一名，加于东省原额之外。自辛酉科开始，后历五科，孔氏后裔每科都中式二名。顺治十四年（1657），又规定“将原旧二名仍归四氏学，不拘孔氏，亦不拘颜、曾、孟三氏”，以后历科都是孔氏额中一人，孔、颜、曾、孟四氏取佳卷者中一人。雍正二年 (1724) 又规定，每科乡试，取中三名，先孔氏而后及于三氏。此后，四氏学每科考中的举人，都在 3 名以上。另外，在清代乾隆时期和咸同时期两次大规模的增广学额中，四氏学都得到优遇，如乾隆十三年增广山东学额的上谕称：“国家崇儒重道，尊礼先师，念鲁国诸生素传礼教，应加恩黉序，广励人才。”这样，就使更多的四氏子弟通过广额得以入学而获得生员的身份。

显而易见，曾氏子孙进入四氏学，为晋身仕途提供了优越的条件。不仅如此，曾子后裔除参加科考之外，还享有岁贡、恩贡等优遇。明清时期的国家最高学府是国子监，主要培养文职官员。能够在国子监就学，不仅是一种极高的待遇，还是儒生乃至宗族的荣耀。国子监的学生分为两类，一称贡生，一称监生。贡生就是由地方州县学生员中贡入国子监者，分岁贡、恩贡、拔贡、优贡、副贡、例贡六种。监生是指不以生员身份在国子监肄业者，分恩监、荫监、优监、例监四种。岁贡，也就是按照规定的时间和定额，选拔资深廪生送国子监读书。明嘉靖十年（1531）规定，三氏学照州学例，岁贡四年贡三人。万历三年，又改为每年贡一人。清代，四氏学岁贡生定额，较明代有所增加。恩贡，指的是在国家举行庆典时，由皇帝恩诏增加贡额而进入国子监读书。恩监，即由皇帝恩赐国子监生资格。按照惯例，孔、颜、曾、孟四氏族人、生员临雍陪祀者，俱准送国子监读书。据陈镐《阙里志》、吕兆祥《宗圣志》、王定安《宗圣志》所载，自明天启到清咸丰年间，曾氏后裔经朝廷恩赐进入国子监者就有 40 人之多，凡以恩贡、岁贡、恩监入仕者，与科甲出身者皆为"正途"出身。因此，岁贡、恩贡、恩监成为曾氏子弟在科考之外获得出身的重要阶梯。

明清尊孔，注重释奠之礼，将尊师重道视之为教化之本。明清皇帝释奠孔子，一般都是在国子监举行。明代在国子监设御座于彝伦堂，清沿明制，均诣国子监视学，释奠孔子，并在彝伦堂讲书，称之为"视学之礼"，此时祭祀孔子的礼仪称为“视学释奠”。乾隆四十九年，在国子监集贤门内建成“辟雍”，此后皇帝亲诣国子监讲学均在辟雍，“视学之礼”改称为“临雍之礼”，“视学释奠”也随之改称“临雍释奠”。明清临雍视学礼极崇，皇帝每临雍，先期派官员行取衍圣公与孔、颜、曾、孟四氏五经博士及各先贤族裔赴京观礼，由礼部设宴款待，并予以各种赏赐。曾氏后裔能够参加封建帝王临雍释奠大典，不啻为莫大的荣幸。

曾氏翰博陪祀皇帝释奠孔子，始于明熹宗时期。天启四年（1624），熹宗视学，释奠先师，特遣中书舍人杨中极行取翰林院五经博士曾承业陪祀，并给予丰厚的赏赐。此后，曾氏翰博多次赴京陪祀。在清帝释奠孔子的典礼上，也总是可见曾氏后裔的身影。除赴京参加临雍释奠大礼外，在清帝到阙里致祭孔子之时，曾氏翰博也承蒙皇恩参与其中。

康熙二十三年（1684）十一月，康熙帝到阙里致祭先师孔子，扈从王公大臣官员照例陪祀，地方官文官知府、武官副将以上、衍圣公及孔、颜、曾、孟各氏子孙现有官职者，都参加陪祀。命翰林学士常书分献宗圣曾子位，各氏博士陪祀。各赐书三部，蟒袍褂一套。康熙二十八年（1689），清圣祖御制颜、曾、思、孟四子赞，《宗圣曾子赞》曰：“洙泗之传，鲁以得之。一贯曰唯，圣学在慈。明德新民，止善为期。格至诚正，均平以推。至德要道，百行所基。纂承统绪，修明训辞。”清朝乾隆时期，尊孔崇儒达到最高峰。自乾隆十三年起，到乾隆五十五年，乾隆帝八次到曲阜朝圣致祭，曾氏后裔参与陪祀的就有六次之多。由此可以看出，清代皇帝对曾氏后裔的眷顾之隆盛，是史无前例的。

由于统治者的眷顾和优渥，曾氏家族与孔、颜、孟三氏家族一起成为中国古代社会的世袭贵族世家。曾氏后裔荣胄有爵、守庙有户、供祭有田、陈奠有器，登上了曾氏家族两千余年发展史上辉煌的顶峰。

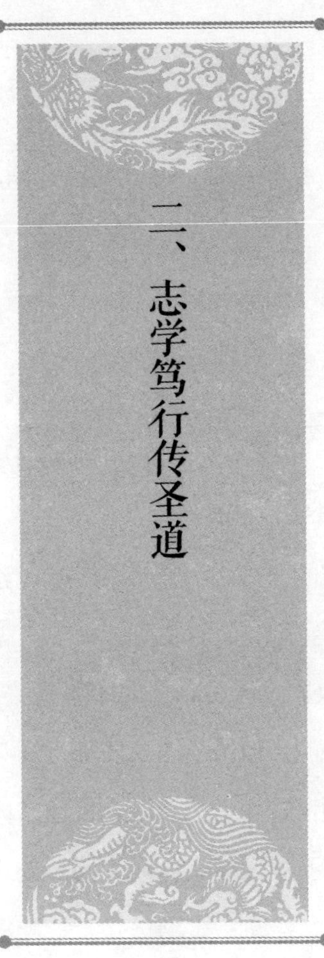

二、志学笃行传圣道

孔子弟子三千，贤人七十二，但后人认为能得夫子心传、道统正脉的弟子，只有颜回、曾参二人，“颜子得克己复礼之说，曾子与闻一贯之传，亲炙一堂，若尧舜禹之相授受”，因此给予了颜子、曾子最高的尊崇，尊称为圣人。曾子比孔子小四十六岁，孔子对他的印象是“参也鲁”，认为他性迟钝，不太聪明。但曾子为人质朴，笃实好学，勤于思考，对孔子学说领悟较深，能够融会贯通。他以忠恕阐释孔子一贯之道，独得孔学要旨，终成大器，成为孔门的主要传道者。

曾子在孔门弟子中，年龄最小而且长寿，秉承孔子“诲人不倦”的教诲，传授生徒，形成了颇具影响的洙泗学派，被奉为邹鲁一带儒家学派的领导者。他领纂《论语》，汇辑孔子遗说；传《孝经》，继承并拓展了孔子的孝道思想，并

宗圣像

且身体力行，践行孝道，终身未尝稍怠；作《大学》，阐发三纲领八条目、内圣外王之道，下启思孟学派，为儒学的传播发展作出了卓越贡献。曾子作为先秦儒家薪火传继中承前启后的重要人物，受到宋儒的极力推崇，奉为孔学“正宗”，后世尊为“宗圣”，在儒家道统谱系中具有极为崇高的地位。

（一）心传忠恕重修身

曾子出生在春秋时期鲁国南武城的一个平民家庭，他的父亲曾点耕作农田以维持生计，母亲上官氏居家纺织，操持家务。据《说苑·立节》载：“曾子衣敝衣以耕”，《庄子·让王》中描述曾子：“组袍无表，颜色肿哙，手足胼胝，三日不举火，十年不制衣。正冠而缨绝，捉衿而肘见，纳屦而踵决。”衣不蔽体，家徒四壁，其家境之贫寒，由此可见一斑。

曾参的父亲曾点在孔子创办私学时就跟随孔子学习，农闲之余，诵诗习礼，有意无意间在曾参幼小的心灵中扎下了浓厚的文化情结。在父亲的教育引导下，曾参读书启蒙，逐渐成长为一个好学上进、意气风发的青年。为了让儿子受到更好的教育，曾点决定让儿子拜孔子为师。从此，曾参这个憨厚、质朴的学生，就追随孔子，在学问及德行修养上突飞猛进，终成大器。曾晳、曾参父子同列圣人之门，为后人留下了一段津津乐道的佳话。

曾参进入孔门时大约十六七岁，虽然年龄很小，却勤学好问，善于思考。所以孔子非常喜欢他，奖掖鼓励，启发诱导，教之以“敏求”之道。自鲁哀公六年（前489）从孔子问学，至鲁哀公十六年（前479）孔子辞世，曾子随侍孔子长达十年之久。十年之中，曾子以鲁钝之质，刚毅之性，立定脚跟贯注精力，勤勉向前，潜心研求礼乐、仁义、孝悌之道。

在长期的学习实践中，曾子对孔子博大精深的思想有了深刻的领悟。《论语·里仁》篇记载了这样一段对话，子曰：“参乎！吾道一以贯之。”曾子曰：“唯。”子出，门人问曰：“何谓也？”曾子曰：“夫子之道，忠恕而已矣。”孔子对曾子说，我的“道”是可以用“一”贯穿起来的。那么，这个“一以贯之”的思想主旨是什么呢？曾子将其概括为“忠恕”。忠，就是“己欲立而立人，己欲达而达人”；恕，就是“己所不欲，勿施于人”。简言之，就是“尽己之心为忠，推己及人为恕”。“忠”指积极的践行，不仅全心全意地成己，还要乐于付出，全心全意地帮助别人。“恕”指心底无私、宽以待人。如果说“忠”是对自己品格的要求，那么，“恕”就是对他人应持的态度。忠恕结合，就是孔子倡导的“仁”。

值得注意的是，孔门“十哲”之一的子贡也曾听孔子讲过“一以贯之”，但言辩多识的子贡未能领悟孔子精义，曾子却洞察入微、一语中的，这也显示了曾子对孔子思想精髓的准确把握。因此，后世遂称曾子独得道统之传。

高度重视个人的道德修养，是孔子、儒家思想的一大特色。孔子倡导“士志于道”，强调“士”不论穷达贵贱，都应当“谋道不谋食”、“忧道不忧贫”，做一个不为权势所屈，超越个人和群体利害得失的道德醇厚、精神境界高尚的君子。曾子发扬师教，把对“士”的道德要求提升到一个新的高度，赋予其恢弘刚毅的人格精神和“仁以为己任”的价值取向。曾子以仁德修养为纲，主张立德、行仁，把仁德的实现看作是值得全力以赴、死而后已的大事，他说：“士不可以不弘毅，任重而道远。仁以为己任，不亦重乎？死而后已，不亦远乎？”就是说，“士”不仅要具有高尚的情操和品行，更为重要的是要有恢弘的心灵、高远的志向和改造社会的责任感。为了维护“仁”，可以牺牲一切，甚至在必要的时候，愿意付出自己的生命，曾子的“仁以为己任”，可以说是儒家精神的最好写照。他崇敬那些“可以托六尺之孤，可以寄百里之命，临大节而不可夺”的君子，认为人生在世，最尊贵和最值得崇尚的东西不是名与利，也不是富与贵，而是仁。哪怕负耜而耕、冻饿而死，只要能行道守

清雍正帝御书曾庙匾额“道传一贯”

仁，人生就是有价值的。他豪迈地说："晋国和楚国的财富，我比不上。但是，他有他的财富，我有我的仁；他有他的爵位，我有我的义，我还有什么不满足的呢？"

孔子教导学生的时候，最注重的就是道德境界的提升。孔子讲过，一个君子思考的不是怎样填饱肚子，过富裕、安逸的生活，而是怎样充实自己、提高自己、成就自己。把礼作为自身行为规范，约束、克制自己的私欲，做到"非礼勿视、非礼勿听、非礼勿言、非礼勿动"，使自己的视听言动都符合礼的规范和要求，通过德性的培养和仁德实践来塑造理想的君子人格，以实现齐家、治国、平天下的目标。在修养方法上，孔子提倡"见贤思齐焉，见不贤而内自省也"，教育弟子以贤人为榜样，以不贤的人为反面教材，进行自我反省。曾子深受孔子"见不贤而内自省"、"见其过而内自讼"的启发，提出了"三省吾身"的修身准则。《论语·学而》篇记载了曾子每天必须自我反省的内容：为别人谋划、办理事情有没有尽心尽力？与朋友交往有没有不诚实的表现？老师传授的文献有没有认真复习？"三省"，是多次反省之意，代表的是一种内省的态度和有过必改的精神。君子践行仁义，就应当每天进行自我检查、自我反省，以"礼"律己，将道德修炼贯穿于日常行为之中。

曾子认为，提高学识和道德修养的最好办法就是勤学好问。他说，一个君子只要治理他的不好的行为，寻求自身细微的过失和差错，尽力去做力有不及的事情，摒除自私的情欲，去做应该做的事情，才可以称得上“学”。而治学最重要的就是爱惜光阴，随时按照所学的道理踏实去做。遇到困难的不逃避，遇到轻易的不苟从，只要做正确就可以。每天早晨起来依着所学的去做，晚上自我省察反思自己这一天的行为。一直到死都坚持这样的态度，也可以算是“守业”了。君子为学必须从阅读先王典籍开始，有疑惑不明的事情，也要按照次序向老师请教。假若问后疑难仍然没有解决，就要把握住机会，趁着老师空闲的时间，观察着脸色，再向老师请问。曾子反复强调说，君子既然学了，唯恐学的不够渊博；达到渊博了，唯恐他不能时时温习；既然温习了，唯恐他还有不甚明了的地方；既然明了了，唯恐他不能照着去做；既然照着去做了，更希望他能礼让贤者。君子为学，就是要达到这样的五个目标。

古人说“知之非艰，行之惟艰”，一个人不仅要博学于文，更要学而时习，温故知新，笃行善道，只有这样，才能学有所成。曾子的这段话，实际上系统地阐述了博学、审问、慎思、明辨、笃行的治学之道。曾子是这样说的也是这样做的。对于自己不明白的问题，他总是反复穷究，刨根问底，务求明白。从《礼记·曾子问》的记载我们可以看到，曾子向孔子求教的礼制问题就包含了冠昏、朝聘、丧祭等许多方面，显示出曾子对“礼”确实有很细致的思考和钻研。而曾子之所以终有大成，与他谨慎修行、笃实践履、努力求索的好学求实精神是分不开的。

在道德修养上，曾子还特别注重“以文会友，以友辅仁”。他认为君子应当以文章学问来结交志同道合的朋友，并依靠朋友帮助自己培养仁德。他多方吸取别人的长处，来弥补自己的不足。尤其是对于早已登堂入室、被孔子赞为“仁者”，并视作学术、事业继承人的颜回以及勇于践行、闻过则喜的子路，青年时期的曾参可谓亦步亦趋，把他们作为自己模拟攀登的对象，时时处处激励自己，努力提高自己的知识和道德境界。

有一次，孔子在与曾子谈话时夸赞颜回具备君子的四种品德，史鳍具备君子的三种品德，曾子听了深有感触地说：“我曾听先生您说过三句话，我却没有能够实行。先生您见到别人一处优点就忘掉了他所有的缺点，因此您容易与人相处；看到别人身上有好的东西，就好像自己也有了，因此您不与人争胜；听到善行就亲自实践，然后引导别人，因此您能吃苦耐劳。学习了您的这三句话，我却没有能够实行，所以我知道自己最终也赶不上他们两个人。”以至于曾子在临终之际，还对儿子感叹说：“我要是不引用颜回的话，还能告诉你们什么呢?”曾子认为，有德者必有言，而自己和颜回相比，德行相去甚远，故难以用高明之语来嘱咐儿子。显然，曾子是把颜回作为了自己终生效法的楷模。

《大戴礼记·曾子疾病》篇记载曾子在病重期间，还谆谆教诲他的儿子要慎重交友：“和君子交往，就好像走进放置香草的房间，芳香浓郁，时间一长就闻不到它的香味了，这是被香味同化了啊；和小人交往，就好像走进放置腐烂鲍鱼的市场，腥臭四溢，时间一长就闻不到它的臭味了，这同样是被臭味同化了啊！所以，交结朋友一定要谨慎。和君子交朋友，不知不觉间德业日进；和小人交朋友，就好像在薄冰上行走，那会不掉到冰水里面去呢?”在临终之前，曾子还不忘嘱咐学生为人处世的道理，如与人交往，要注意仪表，不然就会被别人瞧不起，甚至会粗暴地侮慢你；与人交谈，切忌举止轻浮，人家才会信任你；同别人谈话，要深思熟虑，选择正确的词语，注意说话的语调，不要让别人认为没有修养。君子不要以利害义，就不会招致侮辱。正如“蓬生麻中，不扶自直，白沙在涅，与之俱黑”，生活中一定要谨慎地选择良友。

齐国大夫晏婴，为政清廉，生活简朴，曾子非常钦佩他。曾子在齐国的时候，多次向他请教。在离开齐国的时候，晏婴送到郊外，对他说：“君子用言语赠送人，百姓用财物赠送人。我送你什么呢?”曾子诚恳地说:“我当然希望您送我以言。”晏婴说:“马车的轮子原是泰山上的木头,工匠把它煣曲变成了圆形,即使裹住车毂的皮革坏了,它也不会恢复到原来的形状了。所以,君子不能不谨慎啊。兰芷等香草,如果浸在蜂蜜和甜酒中,一经佩戴就要更换它。正直的君主如果泡在香酒似的甜言蜜语中,也会被谗言俘虏。君子对于自身所处的环境,不能不谨慎对待啊!”曾子听了,深有感触。他告诫人们说:“不要疏远家人而亲近外人,不要身为不善而怨恨他人,不要刑罚加身而后悔畏惧呼天抢地。疏于家人而亲近外人,不是违背情理了吗?本身不善而怨恨他人,不是违反事理了吗?刑罚临头才呼喊上天,不是为时已晚了吗?古诗中说:‘涓涓细流源头水,不加堵截就不会闭塞。车轱辘已经破碎了,才加大它的辐条,事情已经失败了,才高声长叹。’这还有什么补救呢?”所以,曾子对那些华而不实、谄媚逢迎之徒提出了尖锐的批评,在曾子看来,以言语、形体、容色逢迎取悦于人的行为皆非君子之所为,应当毫不犹豫地摒弃。

曾子再三告诫,一个君子只有努力向“仁”,加强自我修养,才能够入仕建功,长守富贵之位。他的弟子阳肤受鲁国大夫孟氏(仲孙氏)之命做典狱官,上任之前,曾子语重心长地劝告他在天下失去正道、民众离心离德的情况下,更要努力做到修身待众、宽仁爱民。

曾子就是这样，在“日旦就业，夕而自省”的过程中，不仅使自身的知识和道德境界不断地提升，而且更加深了对孔子仁爱学说的理解。

《韩诗外传》记载了这样一个故事：有一天，孔子在屋里鼓瑟，曾子和子贡侧门而听，等到曲子终了，曾子叹息说：“哎呀！老师的瑟声里好像有狼心的贪婪，更好像有邪恶不端的举动，怎么会这样没有仁爱之心，追逐私利呢？”子贡觉得曾子的话很对，就进入室内，把曾子的话告诉孔子，并询问老师为什么会弹奏这样的曲子呢？孔子说：“曾参，真是天下的贤人啊！我刚才鼓瑟的时候，正好看见有只大老鼠出来了，猫看见之后，沿着房梁悄悄地爬行，眯着眼睛弓着身子，捕捉老鼠而得不到，我想让它捉住这只老鼠，所以才弹奏这种声音。曾参认为我的瑟声贪婪如狼，不是正适合这样的情况吗？”曾子能够从瑟声中判断老师的心理，正是因为他掌握了孔子仁爱的精神实质。

从这一个小小的事例中，我们可以看出曾子已经达到了很高的修养水平。这从一个侧面也说明，曾子倡导的修身之道，并非一味闭门思过式的自我反省，更为重要的是要端正内在意志，从源头上杜绝不善的行为。

曾子指出：内在的意志决定着外在的行为，有什么样的内在意志，就会产生什么样的外在行为。君子对于道德理想的追求和自我实现，必须舍弃外在的、表面性的行为，珍重内心的修养，正心诚意，做起事情来“战战兢兢，如临深渊，如履薄冰”，时时想着“十目所视，十手所指”，任何时候都不放松对自己的要求。依靠内心的自觉自律，达到“从心所欲不逾矩”的“中行”境界。所以，曾子特别重视“慎独”、“诚其意”，要求人们始终保持自己的道德自觉和道德情操，尤其是在独处时做到谨慎不苟，不要自我欺骗。

在道德修养方面，曾子还突出了“心”的作用。曾子认为，人的行为举止渊源于内心，展露于耳目，显微毕现。所以，君子修身，尤其应当重视“修心”。他以忠恕概括孔子的“一以贯之”之道，忠强调的是“诚心以为人谋”，视人如己，对人、对事、对国家尽心竭力；恕倡导的是“己所不欲，勿施于人”，将心比心，宽以待人。忠恕的基本精神就是设身处地，站在他人的角度来协调人我以及群己关系，一言以蔽之，可称之为“推己及人”。

如何做到“推己及人”呢？首先要求自身保持一颗纯粹、赤诚之心，摒弃患得患失的小人之心。唯有如此，才能在道德实践中避免各种不应有的流弊与偏差。修心，对于个人而言，实际上就是对心灵安顿的追求。“人而好善，福虽未至，祸其远矣。人而不好善，祸虽未至，福其远矣。”一个人宽

一贯心传坊

以待人，与人为善，必有福报。相对于修身而言，修心在曾子的道德修养论中居于更为关键的环节。

心既然如此重要，那么，如何保持内心的纯净呢？曾子主张多交贤友、益友，以辅助提升个体的仁德，同时必须主动地清除内心的不善之念：“君子攻其恶，求其过，强其所不能，去私欲，从事于义”，人的一念之恶、私利欲求藏匿于心，不主动攻击就难以清除。偶有过错，如果不严于寻求的话，可能自己都认识不到，假如轻易放过，或者文过饰非，明知自己有过错也不主动改正，就会积小过而成大错，贻害自身。只有怀抱赤诚之心，常常自我体察，自觉地摒恶从善，才能坚决而快速地改正自己的错误，达到“不迁怒，不贰过”的境界，促使德业日进。

另外，曾子的修心论充满着强烈的忧患意识。忧患的初步表现是临事而惧的负责认真的态度，从认真负责引发出来的是戒慎恐惧的“敬”的观念，天命、天道通过忧患意识所生的“敬”贯注到人身上。在礼崩乐坏的时代，儒家重建礼乐文明秩序的忧患意识愈加紧迫。自孔子开始，儒家就提倡君子修身时要戒慎恐惧，常怀敬畏之心。

曾子对于“敬”尤为重视，他认为在敬畏心理支配下，君子的一言一行都会非常谨慎，有所为有所不为。他说：“君子祸之为患，辱之为畏，见善恐不得与焉，见不善恐其及己也。”一个人有患祸、畏辱之心，自然不去做坏事。他还说：“君子修礼以立志，则贪欲之心不来。君子思礼以修身，则怠惰慢易之节不至。君子修礼以仁义，则忿争暴乱之辞远。”一个人身处富贵荣华却苟且无礼，反而不如安贫乐道的人有好的名声，一个寡廉鲜耻、庸庸碌碌活着的人，总也比不上见危致命、见利思义的人死的有尊严。只有将外在的社会责任演化为内在的道德原则，内心才会纯洁无瑕，充盈浩然正气，不为外界的物欲所干扰。实际上，无论是治学还是从政，拥有一颗忧患之心，“临事而栗”，对于个人道德修养的提高都极其重要。

曾子也特别重视言与行的统一，强调道德付诸实践才有价值。言为心声，言是行动的指南，“听其言，知其所好矣!”在言行关系上，曾子更重视笃行，认为行重于言。他说：“君子执仁立志，先行后言”，君子行必在人先，言必在人后。那些“博学而无行”、“巧言令色，小行而笃”的人，都难以真正地践行仁义之道。

曾子“杀猪示信”的故事就凸显了曾子言行一致的诚信美德。有一天，曾子的妻子要去集市，小儿子哭闹着要跟着去。曾妻对孩子说：“你回去吧，我回来给你杀猪炖肉吃。”等到曾妻从集市上回来的时候，她好像已经忘记了自己说过的话。但是曾子逮住猪崽就要杀。妻子上前制止说：“我只不过是哄孩子的一句玩笑话，难道你还当真要杀猪啊?”曾子很严肃地对妻子说:“孩子现在还小，处处都学大人的样子。你说杀猪给他吃，但是却做不到，这是欺骗他。你欺骗他一次，就是在教孩子学欺骗。你今天欺骗他一次，他就有可能学着去骗别人。”曾子说服了妻子，杀了猪，让妻子实现了对儿子许下的诺言，也让儿子学到了诚实守信的美德。

正是在这种言行一致的道德生活实践中，曾子的人格境界日渐升华，成为深受后人崇敬的人格典范。

（二）孝为德先纲百行

孝道是中华民族的传统美德，曾子历来以“孝”著称于世，他在理论上系统阐发了儒家的“孝”观念，将孔子的孝论作了进一步的扩充和提升，把“孝”发展成为一种具有普遍意义的生活准则，由此形成了独具特色的曾子孝道学说。在孔子之后的儒学发展中，曾子可以说是儒家孝道理论的集大成者。

为了实现“天下归仁”的理想社会，孔子把孝看作践行仁道的入门工夫，一方面，把孝看作人之所以为人的起点，教育世人“入则孝，出则悌”；另一方面，由内而外将“孝”

推而广之，与家庭、社会、政治等相关联，把孝视为治国安邦之道。儒家学派自孔子开始，“孝”就成为一种重要的道德行为得到推崇和弘扬。在孔子的提倡下，弟子们努力践行孝道，曾子、闵子骞、子路都是当时闻名遐迩的孝子。孔子认为曾参通孝道，能继承自己的事业，特别注重把孝道思想传授给他。

有一次，孔子闲坐，曾参在身边陪侍。孔子对他说：“先代的圣君贤王，具有至高无上的品行和至为重要的道德，这些圣德可以使天下人心归顺，百姓和睦相处，无论是地位高贵还是身份卑贱，从上到下都没有怨恨不满。你知道这是为什么吗？”曾参连忙起身回答说：“我不够聪敏，哪里会知道这至要之义呢？”于是，孔子就把孝道思想系统地给他讲了一遍，使曾参对孝道有了极其深刻的认识。我们今天看到的《孝经》，相传就是孔子向曾子传授孝道，由曾子及其弟子记录并整理下来的。《孝经》全面、系统地阐述了儒家的孝道理论，被后世尊为弘扬孝道、培植人伦的经典。

曾子强调孝是人们内心情感的真实流露，他不仅指出孝包括下对上的道德情感因素，更强调指出孝存在于人类的自然天性之中，是与生俱来的。曾子说：“君子之孝也，忠爱以敬”，这里的“忠爱”指的是“中心之爱”，也就是发自内心的、毫不造作、毫无虚饰的爱。而与“忠”密切相关的孝，

授受孝经图

就是由心中的忠爱之情自然流露出来的行为。就如“身体发肤，受之父母，不敢毁伤”，这是孝的起始。“立身行道，扬名于后世，以显父母”，这是孝的终端。所以，孝子养亲的时候，就要努力使父母内心快乐，不违背他们的意旨，让他们听好听的，看好看的，起居安适，在饮食方面尽心侍候。这种对父母的忠爱之情存在于所有人的心灵中，人人都可以将这种情感自然地抒发出来。只要保持自身的孝养之心，自然就会实现孝子成亲之志。这种“著心于此”、“善必自内始”的主张，肯定了人心向善的本性，显示了曾子对孝之本质的新的认识和深刻体察。

曾子把孝作为实现一切善行的力量源泉和根本。孔子以“仁”总括诸多道德范畴，而曾子则将仁、义、忠、信、礼等概念都纳入到孝的体系之中，他认为一个仁爱的人，就是由孝道而表现对他人的仁爱的；正义的人，就是由孝道而表现处事的适宜的；忠诚的人，就是由孝道而表现出忠诚的情怀；讲求信实的人，就是由孝道而表现信实的；守礼的人，就是由孝道而有所体会的；注重实践的人，就是由孝道而知道应该怎样做的；坚强的人，就是由孝道而表现坚强的。

在曾子这里，孝与仁、义、忠、信等道德范畴不再是平行的概念，而是包容与被包容的关系，只要顺从孝道，同时也就兼修了仁、义、忠、信、礼等各种美德。从孝道的践履上看，践行孝道的过程也就是扩展仁、义、忠、信、礼等诸多美德的过程。所以，曾子强调顺从孝道则身和乐，违反孝道则刑戮及身，这就为普通民众道德情操的升华提供了一条简易而切实的路径。

曾子扩充了孝的内涵和范围。《论语》说："君子都致力于从根本上做起，根本牢固建立后，才能够产生仁人爱物、修身治国之道。孝敬父母、敬重兄长，应该是施行仁爱的根本所在。"孝是对父母的深厚亲情，是对子女在日常生活中回报父母养育之情的具体要求。曾子则不断地对孝的内涵进行扩充，使之成为囊括个人生活、社会关系和政治行为等各个方面的道德规范。

曾子说："君子一举足不敢忘父母，一出言不敢忘父母。一举足不敢忘父母，所以总是走宽广的大道，而不走狭窄的小径；渡江河总是坐船过去，而不是游泳过去；这是不敢拿父母所给的身体走危险的路。一出言不敢忘父母，所以恶言不出于口，怨忿的话也不招致到自己身上。然后不使自身受到侮辱，不使父母为他忧愁，就能称得上孝了。"一个人道德修养的提高，在于日常生活中对自己一言一行的严格要求。曾子又说："平素生活不端庄，不是孝；侍奉君主不忠诚，不是孝；处理政务不敬慎，不是孝；结交朋友不诚信，不是孝；作战不勇敢，不是孝。"在曾子看来，孝无处不在，充溢于社会的各个角落，诸如庄、忠、敬、信、勇这些道德行为，都是孝的具体呈现。

从空间上看，孝可以充塞天地、达于四海；从时间上说，孝可为万世所共行，无一朝一夕不行之患。孝无所不包，超越了时间和空间，成为适用于社会一切领域的永恒法则。就其包容的范围来说，已经被推向极致，上升到宇宙间普遍原则的高度。

曾子注重实践孝道与道德修养的一致性。曾子指出，提高修养的方法在于笃行。在父母活着的时候，用道义来辅助他们；在父母去世之后，充分地表达哀戚之情；祭祀的时候，保持一颗诚敬的心。这样做的话，就能够成为一个孝子了。

孝道的实践必须持之以恒，曾子说，教化民众的根本是孝，表现在行为上则叫作养。奉养父母是可以做到的，但尊敬父母就困难了；尊敬父母是可以做到的，但做到让父母安适就困难了；让父母安适可以做到，但长久坚持下去就困难了。做到长久是可能的，终其身就困难了。父母去世以后，还能够小心翼翼地谨慎行事，不留给父母坏名声，这才可以说是做到了终身行孝。

曾子认为，对父母尽孝，需要不断地开拓自身心灵的领域，切实践行忠恕之道。既要促使自己在道德修养上达到较高的境界，又要对父母有最细微的体谅和最宏大的宽容。子女向父母进谏而被采纳，“善则称亲，过则归已”，事情有了好的结果，就称誉父母之德，如果有过错，就负罪引慝，代任其过；假如谏言没有被父母采纳，就要以“三省吾身”的精神自我体察，将道德修养固化为内心的善德，使孝具备最深厚的基础。

社会不同阶层的孝道行为是不一样的，曾子指出卿大夫的孝是以正道、善道表达对父母的谏诤，士人的孝是以孝德遵从父母之命，庶人的孝是以劳力致甘美，谨身节用以供养父母。对于君子、士、庶人等的孝道，曾子还提出了“大孝”、“中孝”、“小孝”的概念，“大孝”指君主之孝，君主以德泽教化施予天下百姓，做四方的模范，受到天下人的爱戴，以天下来养父母，自然是无物不备而不致匮竭。“中孝”是指士人之孝，尊敬仁者安抚义士，可以说是用事功了。“小孝”则是指庶民之孝，指用美味来供养父母，慈幼爱长，忘记自己的劳苦。曾子进一步强调说，孝有三种：大孝是使父母尊荣，得到普天下人的尊敬；其次是不给父母带来耻辱；最低一等的是能供养父母。孝以尊亲为大，“不辱”和“能养”亦不限于口体的供养和个人的私情，而是从远处、大处来说，因为唯有以“养亲”为基础，才能谈到敬、安、久之类的问题，从而实现光亲、显亲的荣耀，逐步把敬爱父母的心理推广到普天下的百姓。

《孝经》更是详细规范了天子、诸侯、卿大夫、士、庶人五种不同的社会阶层的孝道原则，提出天子之孝为广博的爱敬，在爱敬自己父母的同时，还要爱敬天下的父母，对百姓施以道德教化，成为天下人的榜样；诸侯之孝关键在于时刻保持戒惧之心，谦虚谨慎，不骄不奢，才能长守富贵，和悦百姓以保其社稷；卿大夫之孝最重要的是遵守礼法，约束自身，为民众作表率，守住自家的地位和宗庙祭祀；士之孝的关键是以事父母的恭敬态度去事君、事上，保住自己的禄位；庶人之孝最根本的是努力生产，谨慎节用以供养父母。无论是天子还是庶人，虽然有尊卑贵贱之分，但事亲之道却没有本质的区别。所以曾子特别指出："自天子至于庶人，孝无终始。"这就把儒家的道德规范从精英阶层推广到下层民众，进一步促使孝道下移，自下而上地建立起以孝为本位的伦理社会。

曾子提出了孝亲的三重境界说，即"始于事亲，中于事君，终于立身"。第一重境界是"事亲"，曾子说："孝子之事亲也，居则致其敬，养则致其乐，病则致其忧，丧则致其哀，祭则致其严"，明确了孝亲的基本道德要求。然后，由事亲外推于事君，最后达到孝的最高境界"立身"。立身，一方面显示了孝道的终极目标，另一方面也凸显了修身的人生追求。曾子认为仁、义、忠、信、礼等道德都可以在修身行孝中得以体现。这样，曾子就将孝的实践与个人道德修养融合为一，使个人的道德修养，贯穿于孝道实践的全过程，赋予孝以道德本体的含义。

更为重要的是，曾子把忠孝合一考虑，认为这是天下之常道。一个个家庭，扩展而为国家。国家的盛衰兴废，是由一个个家庭能否亲爱和睦、安居乐业体现出来的。曾子固然十分强调“孝”的修身立身意义，但他更重视把治世的落脚点建立在家庭单位之上，将发扬孝道与转变民风、求得治世结合起来，将孝道与忠君联系起来。

曾子在和弟子单居离讨论事亲之道的时候，曾经着重提出了几项基本原则，作为家庭伦理的规范，即：事父母之道要“爱而敬”，事兄之道要“尊事之”，使弟之道要“正以使之”。然而，曾子并不是仅仅单纯地从家庭伦理论孝，而是将孝道的范围扩展为整个社会。曾子说：“事父可以事君，事兄可以事师长”。既然事父与事君同，事兄与事师长同，那么，如何对待父兄，就应当如何对待君主和师长，故曾子特别指出“事君不忠，非孝也！”忠孝并提，就把家庭关系上的孝悌之道与政治关系上的事君之道相沟通，孝由对父母的伦理亲情延伸至社会国家，使伦理与政治紧密结合起来，奠定了中国传统社会家国同构的道德基础。假如每一个社会成员都成为“忠爱以敬”的孝子，就能“移孝作忠”，实现“一家仁，一国兴仁；一家让，一国兴让”的天下太平局面。孝道作为一种道德价值体系和治政理念，深刻影响了古代中国政治制度的走向。

曾子不仅在孝道理论方面建树颇多，而且立足于家庭人伦，在实践中体悟孝道、完善孝道。理论与实践两方面相辅相成，共同构成了曾子孝道思想的特色。曾子认为，孝为天下常道，从天子到百姓，人人都应重视，人人都要实践。孝道的实践，主要有两方面，即养身和养志。养身是肉体、物质方面的奉养；养志则是精神方面的奉养。

曾子说：“身者，亲之遗体也。”身体不仅是父母给予的，同时也是父母身体以另一种形式的延续。对于父母养育之恩的回报，首要的一件事就是要千方百计地爱护好自己的躯体，《孝经》开宗明义就提出：“身体发肤，受之父母，不敢毁伤，孝之始也”。将爱惜自己的身体作为行孝的第一步，看似荒诞，实则合情合理。从伦理亲情上讲，孔子曾说：“父母唯其疾之忧。”父母对子女精心照料关怀，寒热冷暖时刻挂念在心。反过来，子女爱惜自己的身体就相当于爱惜父母，对父母尽孝。从事理方面说，身体是行孝的基础，只有保持一个健康身体、强壮的体魄，才能更好地奉养父母，也才能更好地延续一家一姓的血脉。否则，只能带给父母更大

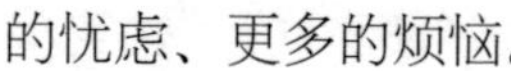

的忧虑、更多的烦恼。

如何爱身呢？曾子说：孝子不攀登高峻的地方，不走危险的地方，也不靠近低危的深渊，不随便嬉笑，不随便说人坏话，在隐幽之处不随便呼叫人，在居高临下的地方也不随便指画。为什么要这样做呢？因为登高临深，随便说笑或者诋毁他人，都是可能会给自身带来危险和羞辱的事情。正因如此，曾子强调，孝子事亲要处安易之所以听天命，不做危险的行为去追求非分的幸福；遇到孝顺的人就和他同游，遇到凶暴的人就离他远远的；奉君亲师之命出使，慎勿疑虑以贻父母之忧；在危险的道路和窄隘的街巷，不和别人争抢挨挤。这样的爱护自身，是因为不敢忘掉父母的缘故啊。

爱身，除了爱惜自己的躯体、生命，不使身体受到损伤的含义外，还有谨言慎行、不遗父母恶名的意思。即使是父母去世了，自己也要慎重行事，不给父母留下坏名声。曾子主张行孝要善始善终，假如因为父母去世，而放弃对自身的严格要求，作出不仁不义之事，致使父母地下蒙羞，就是不孝的表现。而触犯刑律，致使身体遭到伤害，更是大不孝的行为。基于身为亲之遗体的生命理论，爱身、全体就成了人伦之孝的一项特殊要求。曾子终生守身、爱身，直到生命的最后一刻，他还把学生召集到跟前，对他们说：“摆正我的脚、摆正我的手！《诗经》上说：‘战战兢兢，如临深渊，如

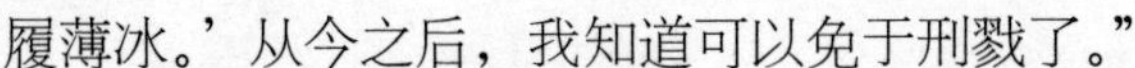

履薄冰。’从今之后，我知道可以免于刑戮了。”

《诗经》云：“哀哀父母，生我劬劳。”父母呕心沥血、含辛茹苦地抚养子女，子女成人后当感念父母的养育之恩，尽反哺之情，竭尽全力供养父母，使父母在物质生活上尽可能得到满足。

在养亲方面，曾子不遗余力，为后人作出了光辉榜样。他晚上为父母铺好被褥，早晨定时探望，嘘寒问暖，在饭食上更是没有半点马虎。曾子奉养父亲曾皙的时候，每餐一定都有酒有肉；撤除的时候，一定要问剩下的给谁；父亲若问“还有剩余吗?”曾参一定回答“有”，以让父亲满意。曾子虽然家庭贫穷，但是他却能尽己所能、细心周到地照顾父母的饮食起居。这是因为曾子认识到随着父母年岁的增长，来日无多，与其等到父母百年之后才准备丰盛的祭品祭拜，还不如在双亲健在的时候诚心奉养，及时行孝，他说：“往而不可还者，亲也；至而不可加者，年也。是故孝子欲养，而亲不待也。木欲直，而时不待也。是故椎牛而祭墓，不如鸡豚逮亲存也。”因此，曾子认为一个人纵使贫贱，但能和父母在一起，就是最幸福的事，所以他“义不离亲一夕宿于外”。出仕为官，不看重俸禄的多寡，只要能够供奉双亲就很好了。

在儒家看来，养体是为人子的基本义务，但“养”之价

将撤请与图

值，最重要的是养志而非养体。曾子认为，作为一个孝子必须坚持的原则，就是尽心尽力使父母心里快乐，不违背父母的心志。对父母来说，食山珍、衣绫罗不一定会感到快乐，只要子女能够和颜悦色、虔敬有礼，哪怕每天粗茶淡饭也会甘之如饴。孟子曾高度赞赏曾子的养亲，已经达到了精神层面的“养志”，比衣食之养的境界更高。

子女行孝不但要养亲，更要敬亲。对双亲的供养只是人伦之孝的初始要求，只有建立在内心诚敬情感之上的养亲，才是真正合乎“孝”道的。孔子曾经不无担忧地说：“现在很多人认为孝就是能够养活父母。可是，人们连犬马都能够养活，如果没有虔敬之心，那和饲养犬马有什么区别呢?”人如果只知道把饭菜做得鲜香可口给父母吃，但是却没有内心的诚敬之情，就不是真正的孝。

对于孔子所教导的敬亲，曾子贯彻得很好。据《孟子·尽心下》记载说，曾皙喜欢吃羊枣，曾子因而不忍吃羊枣。孟子的弟子公孙丑感到很疑惑，就问老师“烤肉同羊枣哪一种好吃?”孟子答道：“当然是烤肉呀!”公孙丑又问：“那么，曾子为什么吃炒肉末却不吃羊枣?”孟子说：“烤肉是大家都喜欢吃的，羊枣只是个别人喜欢吃的。这就像父母之名应该避讳，姓却不避讳，因为姓是大家相同的，名却是他独自一个人的。”在曾子的观念里，君子之孝，表现在忠诚、喜爱和尊敬上，凡是与此相反的行为，就是叛乱孝道。正像不能直呼君主或父母的名字一样，对于父母喜欢吃的东西，自己不能随便吃。曾子的弟子公明仪问他“像老师这样，可以说是做到了孝了吧？”曾子说：“这是什么话！这是什么话！君子所谓的孝，是不等父母说出来，就猜测到父母的意思把事办好了，在父母的意思表达之后，自己更要奉承而行，了解父母的意思和心愿，是为了使父母知道那是做人的正道。我只不过是能赡养父母罢了，怎能说是做到了孝呢！”

曾子认为仅仅做到“养亲”，还很不够，真正的孝应该是“敬亲”。他说，身体是父母双亲所赐予，也是父母身体的延续。拿父母的遗体去行事，敢不敬慎吗？曾子所说的“敬”，在现实生活中有多种形式的表现，诸如“居处庄”、“事君忠”、“莅官敬”、“朋友信”、“战陈勇”，都可以称之为“敬”。可见，曾子虽然以孝闻名，但他对自己的要求是非常高的。与之形成强烈反差的，就是位居九五之尊的周襄王。周襄王贵为天子，富有四海，却连最基本的事亲都没有做到，所以在历史上有不孝的恶名，遗臭万年。桓宽在《盐铁论》中就说：“周襄王之母非无酒肉也，衣食非不如曾皙也，然而被不孝之名，以其不能事其父母也。君子重其礼，小人贪其养。夫嗟来而招之，投而与之，乞者由不取也。君子苟无其礼，虽美不食焉。”

曾子将孝道建立在“敬亲”的自然情感之上，主张在思想上和行动上顺从父母的心志。但是，假如父母对某些问题的认识出现偏差导致犯了过错，子女应曲意顺从，还是应劝谏父母？

对这一难题，曾子专门向孔子请教。孔子说：如果双亲的行为违犯义理，“则子不可以不争于父，臣不可以不争于君。故当不义，则争之。从父之令，又焉得为孝乎？”明确告诉曾子必须辨别是非，不能一味地盲目顺从，而是要劝阻双亲，帮助他们避免蒙受不仁不义的恶名。基于此，曾子提出了“以正致谏”、“微谏不倦”的谏亲原则。他说：“君子之孝，……微谏不倦，听从而不怠，欢欣忠信，咎故不生，可谓孝矣。”又说：“君子之孝也，以正致谏。”也就是当父母有错的时候，为人子者婉转劝谏，可使父母免于陷入不义的境地。这不但不违反孝道，恰恰是孝子应尽的义务。

曾子还将此从情感上加以提升，把伦理规范内化为一种心理之愉悦，《韩诗外传》卷九载：“曾子曰：君子有三乐，……有亲可畏，有君可事，有子可遣，此一乐也。有亲可谏，有君可去，有子可怒，此二乐也。有君可喻，有友可助，此三乐也。”

但随之而来的一个问题是，父母有过失，却对子女的劝谏置若罔闻，为人子者又该如何做才合乎孝道？对于这一敏感问题，孔子的态度是，父母有了过错，子女应反复婉言相劝，如果父母仍一意孤行，子女不应滋生怨恨之心，应该一如既往地孝敬双亲。曾子则对孔子“事父母几谏”的思想作了进一步发挥，提出了“父母有过，谏而不逆”的主张，对于父母的错误，可以劝谏但不能蛮横忤逆，只能表达良善的道理，用行动去影响和感化父母，促其醒悟而不能力争强辩。无视父母的错误而不劝谏，不是孝；劝谏无效而不再顺从父母之志，也不是孝。

在这里，曾子明确了谏亲的界限：“谏而不逆”。再次重申对于父母的过错，只能劝谏而不能忤逆。假如父母一意孤行，不知改悔，孝子正确的做法是代父母承担过错，问罪于自身。所谓“不耻其亲，君子之孝”，就是说，无论发生什么事情，做子女的都不能把耻辱加到父母的身上。孝子在反省自身不足的同时，对父母仍然要“敬而不违”，并想方设法感化父母，促其改过。

孝虽然始于家庭这样的小的个体单位，但它却是醇化社会风俗基本的、重要的手段，关系到良风美俗的形成和社会秩序的和谐。因此，曾子特别指出，孝道必须做到“慎终追远”。“慎终”指为父母尽哀，慎重地办理父母的丧事；“追远”指虔诚地追祭远祖先人，表达孝子终生萦怀之情。终者，人之所易忽；远者，人之所易忘。只有“慎终追远”，才能使

人民的道德变得仁厚起来。

曾子格外注重“慎终追远”，他提出：“作为孝子，在父母生前以爱敬之心去奉养，父母去世后以哀痛之心去安葬和祭祀，到此，孝子事生送死的尽孝之事才算终结。”有始有终，方为圆满的尽孝之道。曾子重视丧祭之礼，更为关注哀亲之情。孔子弟子子张说“祭思敬，丧思哀”，就丧事而言，与其仪式周备、奢华铺张，还不如内心真正悲戚。丧思哀，才是礼的本意。怎样表达哀戚之情呢？曾子说：孝子在父母亲去世时，哭声应该表现出自己极度悲伤的心情，而不能抑扬顿挫和拉长尾声；接待吊丧的宾客时，不拘泥于平时的礼节容止；话语简单，不加修饰；这时如果穿着纹饰华美的衣服会感到不安，必须换上丧服；听到欢快的音乐，也绝不能有愉快的表情；根本不想吃饭，再可口鲜美的食物吃着也没味道。这些都是孝子丧亲之情的自然流露。倘若一个人在办理父母丧葬之事的时候，仍然计较礼节是否周全，仪表是否端庄，言辞是否文雅，而不能尽情抒发对父母的哀戚之情，无疑是扭捏造作、矫言伪行。

爱身、养亲、敬亲、谏亲、慎终追远，构成了曾子人伦之孝的基本框架。曾子将这种严于律己、勤于内心反省的精神贯穿于日常生活的孝道实践中，以忠爱之心孝敬双亲，求得孝子的纯洁之心，养成君子人格，其最终目的是提高自我生命的价值。

（三）曾子孝行万世崇

孝作为一种道德，必须由具体的行为来体现。思想和言论，必须依赖于行才能得以落实，没有具体的行动，思与言就没有任何实际意义。曾子说，无论思、言、行都不仅仅只为提高自身的道德修养，也在于为他人作出榜样，只有自己先做到言信行果，别人才能信服，并从而行之。在孝道方面，曾子一再强调要少说多做，先行后言。注重“笃行”，可以说是曾子孝道实践的一大特征。

曾子在七十弟子中孝行最著，他修身事亲，至死不乱。因此，曾子“孝”的声名，在先秦时期已经广泛流传，除《论语》、《孟子》等文献所记载的故事之外，其他文献也多有记载，如《荀子·性恶》篇载：“天非私曾、骞（孔子弟子闵子骞）、孝已（殷高宗之太子）而外众人也。”《战国策》载苏秦曰：“使臣信如尾生，廉如伯夷，孝如曾参”，都说明曾子之孝在先秦时期就已为世人所公认。曾子之孝，并不是一般意义上的孝，而是“感天地，动鬼神”的孝，故后世言孝必称曾子。

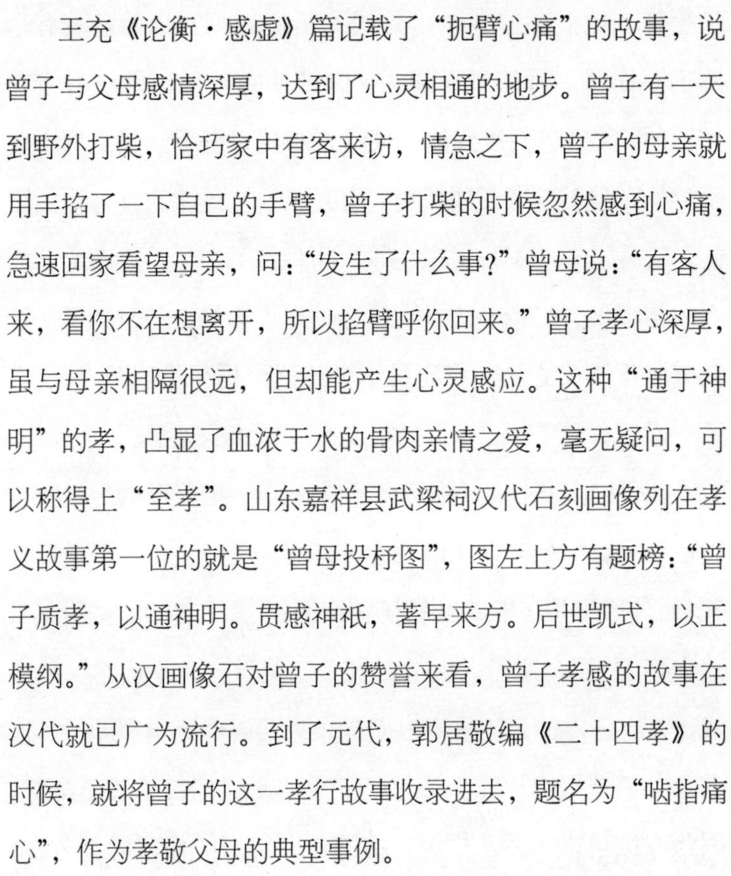

王充《论衡·感虚》篇记载了“扼臂心痛”的故事，说曾子与父母感情深厚，达到了心灵相通的地步。曾子有一天到野外打柴，恰巧家中有客来访，情急之下，曾子的母亲就用手掐了一下自己的手臂，曾子打柴的时候忽然感到心痛，急速回家看望母亲，问：“发生了什么事？”曾母说：“有客人来，看你不在想离开，所以掐臂呼你回来。”曾子孝心深厚，虽与母亲相隔很远，但却能产生心灵感应。这种“通于神明”的孝，凸显了血浓于水的骨肉亲情之爱，毫无疑问，可以称得上“至孝”。山东嘉祥县武梁祠汉代石刻画像列在孝义故事第一位的就是“曾母投杼图”，图左上方有题榜：“曾子质孝，以通神明。贯感神祇，著早来方。后世凯式，以正模纲。”从汉画像石对曾子的赞誉来看，曾子孝感的故事在汉代就已广为流行。到了元代，郭居敬编《二十四孝》的时候，就将曾子的这一孝行故事收录进去，题名为“啮指痛心”，作为孝敬父母的典型事例。

为了取悦父母，曾参可以说是做到了极点。《孔子家语·六本》篇记载了一则曾参行孝的故事：曾参跟随父亲到瓜地里除草，不小心把瓜苗的根斩断了。曾皙很生气，就拿起大棍子打他的背。曾参晕倒在地，过了好长时间才苏醒过来。他不仅毫无怨言，回到家，还心平气和地弹琴唱歌，想让父亲知道他身体安然无恙。然而，孔子听说这件事之后很是生气，他批评曾参说："你没有听说过吗？从前瞽瞍有个儿子叫作舜。舜侍奉瞽瞍，父亲要使唤他时，他没有不在旁边的；父亲想要找到他杀掉时，却从未得手。父亲用小棍子打他，他就等着受过挨打；用大棍子打他，他就逃跑。因此，瞽瞍没有犯不行父道之罪，而舜也不失厚美的孝道。如今你侍奉父亲，舍身体承受暴怒，死也不躲。自己死了又让父亲陷于不义之地，有哪种不孝比这个更严重呢？"听了孔子一番话，曾子对"孝"的含义有了更深的理解。

曾子以安身处世奉养双亲为出发点，把父母的冷暖时刻挂在心上，尽量守在父母身边，就连一个晚上也不轻易离开父母。《战国策·燕策》赞扬曾子说："孝如曾参，义不离亲一夕宿于外"。这可以说是对孔子"父母在，不远游"的实践。在出仕方面，不求高官厚禄，只要够养亲所需即可。他在莒国任低级官吏，俸禄仅是三秉小米，但曾子却不嫌弃，因为双亲可以享用。据说，齐国曾以优厚的俸禄聘他为官，他却没有接受，理由就是"吾父母老，食人之禄，则忧人之事，故吾不忍远亲而为人役"。

曾子的母亲去世后，曾子常常想念母亲。据《孝子传》记载，曾子有一次吃生鱼，感觉味道很鲜美，就把它吐了出来。别人看到后，非常惊讶，就问他什么原因。曾子说："我母亲活着的时候，没有尝过生鱼这样的美味，一想到母

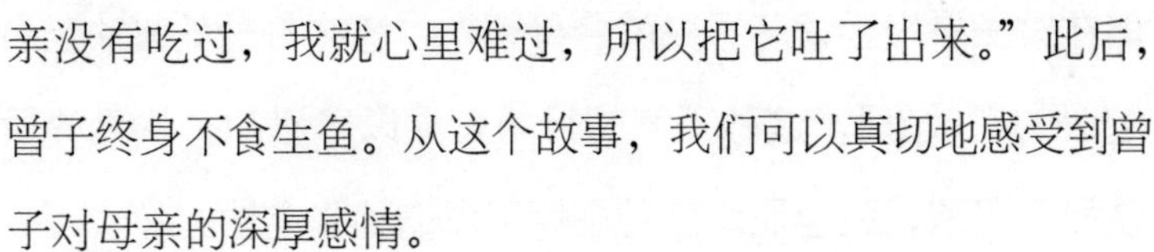

亲没有吃过，我就心里难过，所以把它吐了出来。”此后，曾子终身不食生鱼。从这个故事，我们可以真切地感受到曾子对母亲的深厚感情。

《说苑》还记载了曾子“不入胜母之闾”的故事。这个故事讲的是曾子有一次到郑国去，路过一个名叫“胜母”的地方，曾子想，一个人对父母只能孝敬，哪有在父母面前争强好胜的道理？于是便调转车子，绕路而行。因此，曾子也被后人称赞为“盛饰入朝者不以利污义，砥砺名号者不以欲伤行”的贤人。

曾子不仅对生身母亲很孝顺，而且在母亲去世后，他对继母同样也是极尽奉养之情。《孔子家语·七十二弟子解》记载了曾子出妻的故事：据传说，曾参的后母对他不好，但是他对待后母就像对待生母一样孝敬，常常“视被之厚薄，枕之高低”，照顾其饮食起居，细致入微，从来没有懈怠过。有一次，曾子外出之前嘱托妻子把藜叶蒸熟了给后母吃，回家后得知藜叶没有蒸熟，非常生气，非要把妻子休弃不可。众人劝阻他：“你的妻子不该被离弃，不在七出的范围之内啊。”曾子回答说：“蒸藜为食，确实是一件小事情。我告诉她要蒸熟，可是她却没有听从我的话，何况大的事情呢！”最后，曾子还是休了他的妻子，并终身不再娶妻。

因为藜蒸不熟而休妻，当时的人可能也认为不近人情。

但在曾子看来，藜蒸不熟就给母亲吃，意味着对长辈缺乏最起码的“敬爱”，这种不孝的行为是难以容忍的。休妻的做法虽不可取，但也显示出曾子捍卫孝道的坚定性。

曾子在父亲去世的时候，他攀扶柩车为父亲送丧，悲痛欲绝，以致拉丧车的人也要停下来为之哭泣。曾子“执亲之丧”的故事，《礼记》也有记载，说他为父亲守丧，“水浆不入口者七日”。与古代“君子执亲丧之礼，水浆不入口者三日”相比，曾子的行为似乎有些过头，但程颐却认为：“曾子者，过于厚者也。圣人大中之道，贤者必俯而就，不肖者必跂而及。若曾子之过，过于厚者也。若众人，必当就礼法。自大贤以上，则看他如何，不可以礼法拘也。”曾子丧父，水浆不入口者七日，足见其孝心之诚。

由于曾子精熟丧礼，而且执行起来非常认真、虔敬，所以人们常常请他主持丧礼。而他每次读有关治丧的礼书，都会想起去世的父母，眼泪常常浸湿衣襟。清乾隆四十九年，曾子六十九代孙、世袭翰林院五经博士曾毓墫在曾庙内建涌泉井，以此作为对曾子“事亲至孝”的纪念。

曾子行孝直到生命的最后一刻，《礼记·檀弓上》记载了曾子“临终易箦”的故事。曾子病重的时候，静静地躺在床上。弟子乐正子春坐在床下，曾元、曾申坐在他的脚边，一个小童子端着烛坐在角落里。童子看到曾子身下铺的席子

涌泉井

很漂亮，禁不住说道："多么漂亮的席子啊，那是大夫用的吧？"乐正子春赶紧轻轻地说："不要做声！"尽管他的声音很轻，但还是被曾子听到了，他忽然惊醒过来，对儿子曾元说："这是大夫用的席子啊，是当年季孙氏送给我的，但我没有力气换掉它。元啊，赶快把席子换掉！"曾元说："您老人家的病已经很危急了，不可以移动，还是不要马上换了吧。您耐心等到天亮，我再给您换好吗？"曾子听了，很不高兴，他强打精神，撑起身子对儿子们说："你们爱我的心还不如那小孩子。一个有才德的君子，他爱别人就要成全别人的美德，小人的爱是苟且取安。我现在还有什么需求呢？我只盼像个君子那样循礼守法，死得规规矩矩。"于是，他们抬起曾子，给他更换了席子。等到他们刚换好席子，还来不及把曾子放平稳，曾子就去世了。曾子临终易箦的故事，展现了他的敦厚笃实的作风和注重晚节的高尚品德，也是在以实际行动教育后人。

曾子作为古代的孝道典范，其孝行表现在侍奉父母的方方面面，诸如"雪阻操琴"、"不食羊枣"、"尊官悲泣"、"观礼泪涌"等感人泪下的故事还有很多。从现代人的角度看，曾子的某些做法似乎有些极端，但恰恰说明曾子对父母的孝敬，达到了常人难以企及的程度。曾子践行孝道，一切行动都坚持"惟义所在"。所以，孔子称赞他符合"孝、悌、忠、

易箦图

信”四德的标准。曾子就是这样身体力行地践行着孔子“孝”为德本的主张，走完了他仁以为己任、死而后已的一生，成为以孝立身的道德典范。曾子死后，儿子们将他安葬在今山东嘉祥县南武山西南的元寨山之东麓。

在孔子去世之后，学有所长、术有专精的孔门弟子各以其所闻，成一家之言，从不同方面彰扬光大孔子遗说。作为孔子最忠实的学生之一，曾子秉承孔子之志，“修道鲁、卫之间，教化洙泗之上”，聚徒讲学，传承儒家薪火。曾子门徒众多，据《孟子·离娄下》记载，曾子就有弟子七十余人。由曾子和弟子所形成的“洙泗学派”，一直被视为孔门弟子传播、发展儒学的重要力量。晚年的曾子也著书立说，《汉书·艺文志》著录《曾子》十八篇，隋代之后《曾子》尚有二卷。相传《孝经》、《大学》，均是曾子的著述。

孔子弟子三千，贤人七十二，但要论对后世有最大影响且得到最高尊崇者，颜子之外，当数曾子。孔子之学，只有曾子与闻“一贯”之道，得其心法，后经子思、孟子接续，浩瀚其流，蔚成大观，被宋儒奉为孔学“正宗”、道统中坚，予以极高的尊崇。在修养方面，曾子建立了独具特色的孝道思想体系，这不仅是曾子对儒学发展作出的最大理论贡献，也是曾子留给后人的丰厚的精神财富。

曾子的孝道思想，越来越被统治者所重视，曾子的地位和封谥也越来越高。东汉时期，包括曾子在内的孔门弟子，就一直受到官府的祭祀。唐高宗总章元年（668），诏赠曾参为太子少保。唐开元二十七年（739），封曾子为郕伯。宋大中祥符二年（1009），晋为瑕丘侯（后改武城侯）；咸淳三年（1267），诏封郕国公，与颜子、子思、孟子并为四配。元至顺元年（1330），加封郕国宗圣公，这是曾子谥号称“圣”之始。明代嘉靖年间，改称“宗圣曾子”，相沿至今。孔门弟子中，被称为“圣”的只有两人，一人是“复圣”颜子，另一人就是“宗圣”曾子。曾子之所以被尊称为圣人，绝非后世的有意吹捧，而是与曾子的道德光辉和人格魅力分不开的。

三、耕读孝友

在中国古代历史上，曾氏家族是一个绵延千载、人才辈出的家族。汉代以来，曾氏子孙虽播迁于江南，而其血脉实根源于东鲁，所以，明代嘉靖年间朝廷特下诏书访求曾氏嫡裔，准许归鲁奉祀宗圣曾子庙墓。曾氏家族自曾子立宗开派，迄于今，后裔已繁衍八十余代，遍布全国乃至世界各地，哲胤贤裔，代有闻人，出类拔萃者不胜枚举。在两千余年的历史发展中，尽管物换星移、沧桑巨变，但曾子后裔们进德修业、勤勉自励、建功立业，不仅继承和发展了曾子的孝悌美德和良好的家族文化传统，同时，也以其自身的杰出成就，彰扬光大了宗圣家族的煌煌美名。

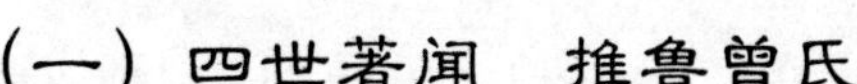

（一）四世著闻　推鲁曾氏

曾子生活的时代，是中国历史上的剧烈动荡时期，周室衰微，诸侯争霸，人民因战乱而穷困流散。鄫太子巫失国奔鲁，此后即定居于鲁国，四传而生曾子。

曾子与父亲曾点同为孔子弟子，尤其是曾子得孔子一贯真传，注重道德修养，努力弘扬孝道，为儒家文化的发展作出了卓越贡献，成为中国儒学史上承前启后的重要人物。曾子之子曾元、曾申、曾华，其孙曾西等人，顺承曾子之教，不负庭训，成为先秦时期曾氏家族的杰出代表。曾氏四代前赴后继，弘扬儒学，清人郑晓如在《阙里述闻》中赞誉道："孔门弟子四世著闻者，推鲁曾氏"，从曾氏四代皆以经术著称于鲁的事实来看，这一评价是恰如其分的。

曾元，曾参长子，字子元，仕鲁，任兵司马。《曾氏族谱》说他"身若不胜衣，言若不出口"，处事待人，恭敬谨慎。《荀子·大略》记载了曾元的一则事迹：齐国大夫公行子之到燕国去，在路上遇到曾元。曾元正好刚从燕国返回，公行子之问道："燕君怎么样啊？"曾元说："燕国的国君志气卑下，不求远大。志气卑下的人，不以事物为重。不以事物为重的人，就不肯寻求贤才来辅佐自己。假若不寻求辅佐自己的人，政事靠什么举办呢？最终一定会为西方的氐羌之族所俘掠。可是燕君这样的人却愚蠢到不以被俘掠为忧，反而担忧其死后氐羌之人不焚其尸（氐、羌风俗，死则焚其尸）。斤斤计较于秋毫之细，而灭害国家。像这样不恤其大而忧其小的人，与氐、羌之虏又有什么区别呢？他这样做，哪里称得上是有智谋大略的人呀！”从曾元对燕君的评价，我们不难看出，曾元是一个志向远大、恪守大义的人。

曾元恪守孝道，注重养亲。《孟子》说：“曾元养曾子，也一定有酒有肉；撤除的时候，便不问剩下的给谁了；曾子若问还有剩余吗，便说，‘没有了。’意思是留下预备以后进用。”虽然与曾子养曾皙的方法不同，但无疑也说明曾元的孝行是非常突出的。在曾子弥留之际，曾元和弟弟们也一直陪伴在父亲身边，聆听曾子的临终教诲。因此，后人对曾元赞誉有加，明山东提学道签事王宇《曾元赞》曰：“易箦之命，武王之心。卑志之说，伯牙之音。顺承严父，逆料时君。庶乎克肖，宜哉有闻。”吕元善也有诗赞扬曾元：“莱芜闻孙，宗圣冢嫡。于孟志养，于礼志箦。生死之际，可悲可忆。转令后来，孝思追则。”我们现在仍可从《礼记》、《孟子》、《荀子》的记载中了解到曾元的事迹。

曾申，曾参次子，字子西。曾申师从孔子弟子子夏学习《诗经》，传魏人李克。又跟左丘明学习《春秋》，传卫人吴起，在儒家经典的传授方面具有一定地位。不仅如此，曾申在当时还以知礼闻名。《礼记·檀弓》记载，鲁穆公的母亲去世的时候，鲁穆公专门派人去问曾申："应该怎么办丧事？"曾申答道："我听我的父亲说，以哭泣来表达内心的哀痛，身穿丧服来纪念父母的恩情，为父母守丧时每天只喝点稀饭过日子。这些原则，从天子到庶人都是相同的。至于用麻布做幕，那是卫国的习俗；用绸布做幕，是鲁国的习俗，这种微文小节倒不必尽同了。"在曾申看来，国家礼俗不同，只要严守治丧大节，其他小节可以自己参酌使用，由此可以看出，曾申不仅对礼制非常精通，而且也主张因时而变，审慎择取，使礼具有更大范围的适应性，也更贴近日常生活。

曾西，曾参之孙，曾元长子，字子照，仕于鲁。曾西幼时从叔父曾申学习《诗经》，尽得其传，以经术著称。在礼崩乐坏、争霸战争风起云涌的时代，曾西倡导仁政、王道，反对霸道。《孟子·公孙丑上》记载了曾西对子路和管仲的不同评价，较为突出地反映了曾西的王道主张。

当时有人问曾西："你和子路相比，谁更贤能一些？"曾西说："子路，是我父亲所敬畏的人。"那人又问："那么你和管仲相比，又如何呢？"曾西听了，怫然不悦，很不高兴地说："你怎么能把我和管仲相比呢？管仲得到齐国国君的信任是如此专一，执政时间又是那么长，但其功绩却那样卑下。你为何拿我和他相比呀？”子路是孔子的早期弟子，为人直爽豪迈，行事果断，注重修身，治国理政能力突出。他对孔子“为政以德”的思想有深刻的体认，提出了“君子之仕也，行其义也”的主张，遵奉孔子教导，努力践行周礼，期望恢复周公所确立的社会等级秩序。所以，孔子曾称赞子路“千乘之国，可使治其赋也”。尤其是子路担任卫国蒲邑大夫的时候，以恭敬诚信、仁爱敦厚、明察果断的儒家治政理念，踏实做事，造福一方，其卓著政绩赢得了孔子“三称其善”的最高褒奖。对践行儒家思想为政取得卓越成绩的子路，曾西充满了崇敬之情。辅佐齐桓公取得春秋霸业的管仲，曾被孔子称许为“仁人”。对于孔子关于管仲的评价，子路也曾有“未仁乎”的质疑，孔子却回答说：“桓公之所以能多次召集诸侯会盟，停止了武力争战，是依靠管仲的力量。这就是他的仁德啊。”但在争霸战争愈演愈烈的战国时代，曾西对于管仲的看法则有了一些改变，他认为管仲不知王道而行霸术，并不值得推尊，故以与管仲相比为耻。

曾西本人也坚持“出仕行义”的原则，如果不符合自己的原则，宁愿不出仕做官。据《曾氏族谱》记载，周威烈王元年（前425），“曾西见子夏于魏，文侯闻其贤，欲官之，不受而去”。因此，后人称赞曾西赋质刚毅，有暮春沂雩之

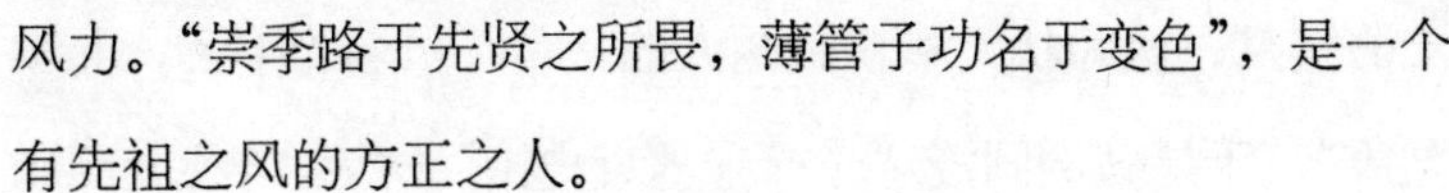

风力。“崇季路于先贤之所畏，薄管子功名于变色”，是一个有先祖之风的方正之人。

（二）一门四相“曾半朝”

唐代以前，福建的经济、文化十分落后，多被视为蛮荒之地。到了宋代，福建文风丕振，人才辈出，而仕宦之盛，则以泉州晋江曾氏为最。晋江曾氏一门出了四个宰相——曾公亮、曾孝宽、曾怀、曾从龙，父子两府相见，祖孙俱为公辅，显宦相继，享有“一门四相”、“曾半朝”的美誉，时人评价说“以进士起家之荣前所未有，后亦莫有继之者”。

曾会，字宗元，是晋江曾氏家族的第一个进士，他天资聪颖，勤奋好学，享有“神童”、“少年才子”之誉。《龙山曾氏族谱》记载了曾会幼时的一个故事：说他小时候有一天在上学途中突遇大雨，衣服全被大雨淋湿，有路人嘲笑他是“雨打蓑鸡”，但是曾会听了并不生气，反而张口便吟五绝一首：“雨打蓑鸡形，脚上有龙鳞；五更才一唱，惊动世间人”，路人都为其敏捷的才思而惊叹。宋太宗端拱元年（988），曾会乡试第一，中解元；次年，取会元，“声动场屋”；同年殿试，“就座挥毫，文不加点”，荣登榜眼。宋太宗对他的才华十分赞赏，认为状元和榜眼两人的文章“虽名为甲乙，而实与等”，于是破例同授“光禄寺丞直史馆”。榜眼与状元同职同衔，乃前朝所未有，曾会因此名扬京师。

曾会为官清正廉洁，大中祥符年间，任两浙转运使，适逢旱灾严重，百姓不得不背井离乡。可是时任检校太尉、枢密使、参知政事的权臣丁谓非但不体恤民瘼，还驱使兵卒、民夫万余人，大兴钱塘捍江之役，导致民怨沸腾、哀声载道。朝野上下惧于丁谓的权势，无人敢干涉此事。只有曾会不惧强势，上疏朝廷，使罢其役，军民得安。尽管曾会学识渊博，才华出类拔萃，但因为他夷旷直率、正直无私，“处事不惮以身犯有势之怒”，所以仕途一直淹滞不前。他历真宗、仁宗二世，出入四十五年，仅仅做到刑部郎中、集贤殿修撰这样的五品官。曾会去世后，观文殿大学士张方平在所作《曾会神道碑》中感慨地说：“惟诚与恕，不务世求，乃与时忤；往蹇来连，多踬少迁；郎潜一郡，四十五年；外虽不偶，中全所守；富贵在天，将复谁咎？”曾会作为曾氏家族在宋代的奠基者，尽管仕途不显，但晋江曾氏的相业却是由曾会奠定的。《晋江新志》记载：“曾家相业，旧志列传三十一人，占四分之一”，而开启新篇的重要人物就是曾会。

此后，曾氏家族在宋代又出了许多进士，如曾愈、曾公度、曾公亮、曾公奭、曾公定、曾说、曾诞、曾询、曾诗、曾固、曾从龙、曾天麟、曾治凤、曾应辰等，恩荫入仕者更是为数众多，晋江曾氏父子、兄弟、祖孙，前后相继，人文鼎盛，盛况空前，形成绵绵科第之链，曾氏家族随之日益兴盛。曾会次子曾公亮由进士甲科位至宰相，以太傅兼侍中致仕，配享宋英宗庙庭。在曾氏二代中，曾公亮无疑是最出色的一位，也由此确立了晋江曾氏家族的政治地位。

曾公亮，字明仲，仁宗嘉祐六年（1061）拜吏部侍郎、同中书门下平章事、集贤殿大学士。曾公亮为人敦厚庄重，事君接人，语默动静，皆小心恭慎，明敏果敢，不立朋党，不市私恩，故能久于其位，笃于信任。晚年推荐王安石于神宗，同辅朝政。至于朝廷典章故实、律令文法，曾公亮尤其熟悉，所以深得帝王的倚重。曾公亮致仕后四年，其长子孝宽为枢密直学士、起居舍人、签书枢密院事，父子世为公辅，一时之盛，古之未有。曾公亮为相十有五年，历仁宗、英宗、神宗三朝，世人赞为“翊戴三朝”。他一生勤政爱民，致力于革弊兴利，是北宋中期一位颇有作为的政治家。他去世的时候，神宗十分悲痛，辍朝三日，亲临悼念，又御书其碑首曰“两朝顾命，定策亚勋”，足见曾公亮在帝王心中的分量。

曾公亮在仕途上取得了极大成功，不仅积累了厚重的社会关系，也积攒了足够的政治资本，其子侄因此大多荫补入仕。比如曾孝宽“以荫知桐城县”、曾孝序“以荫补将作监主簿”、曾孝纯“兼凿资序得管勾宫观，用父恩也”。曾孝宽以恩荫入仕之后，于熙宁五年（1073）迁枢密都承旨，宋朝枢密院承旨用文臣，就是从曾孝宽开始的。后来，擢拜枢密直学士、签书枢密院，成为曾氏第三代中的杰出人物。曾孝宽执政时，公亮身体尚健，孝宽迎养于西府（枢密使居处），“西府养亲”也就成为后世的一段美谈。

曾氏家族延续到了第五代，进入了一个比较辉煌的时期，这一代以曾怀、曾恬、曾慥为代表，分别在政治、文化、思想方面取得不俗的成就。其中曾怀在宋孝宗乾道九年为右丞相，成为曾氏家族在南宋时期的代表人物。曾怀，字钦道，以父荫，知真州。训导民兵，纪律严明，张俊督师，大感惊奇。孝宗乾道二年（1166），擢户部侍郎。他善于理财，“量入为出，使天下之财，足天下之用”。五年，升任户部尚书，知婺州。在任时，对各州郡钱粮的出入情况都了如指掌，为孝宗所倚重。乾道九年，赐同进士出身，参知政事，代梁克家为右丞相，封鲁国公。曾怀为官，秉公处事，尽忠效力，他曾说：“事之大者视之以小，小者视之以无，天下无复事矣！”因此后人评价他“以清约自持”，“为相侃侃，得大臣体”。曾恬、曾慥则在学术上发展，皆是当时著名学者。

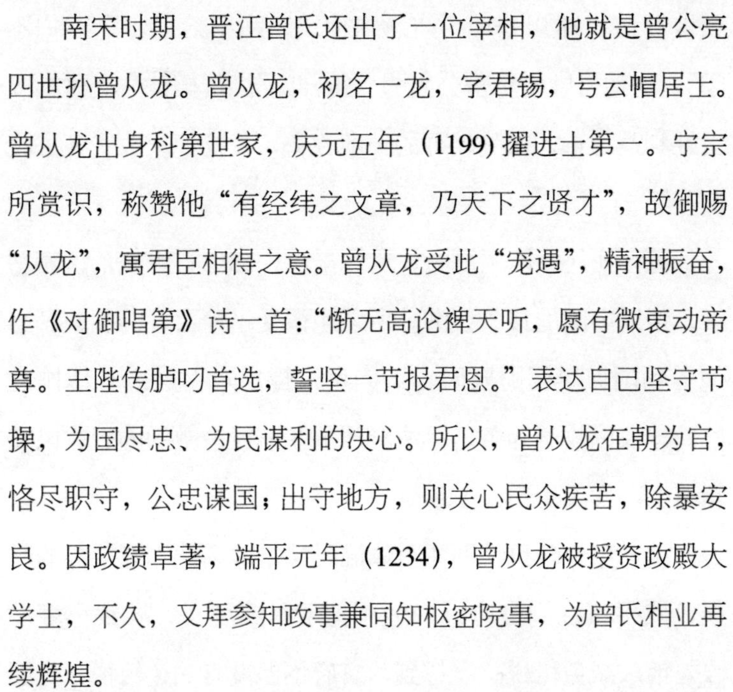

南宋时期，晋江曾氏还出了一位宰相，他就是曾公亮四世孙曾从龙。曾从龙，初名一龙，字君锡，号云帽居士。曾从龙出身科第世家，庆元五年（1199）擢进士第一。宁宗所赏识，称赞他“有经纬之文章，乃天下之贤才”，故御赐“从龙”，寓君臣相得之意。曾从龙受此“宠遇”，精神振奋，作《对御唱第》诗一首：“惭无高论裨天听，愿有微衷动帝尊。王陛传胪叨首选，誓坚一节报君恩。”表达自己坚守节操，为国尽忠、为民谋利的决心。所以，曾从龙在朝为官，恪尽职守，公忠谋国；出守地方，则关心民众疾苦，除暴安良。因政绩卓著，端平元年（1234），曾从龙被授资政殿大学士，不久，又拜参知政事兼同知枢密院事，为曾氏相业再续辉煌。

曾氏族人以国计民生为重，好施仁政。曾公亮任会稽（今浙江绍兴）知县时，会稽常为镜湖水患所害。镜湖原本是东汉时会稽太守兴建的大型水利工程，当地民众引镜湖水用来灌溉民田。但因长期失修，湖堤渐废，丰水季节，湖水常常溢出湖堤冲毁民田，屡屡为患。他积极组织民众兴修水利，征调民夫，立斗门，泄水入曹娥江，使周围百姓广受其利。知郑州时，看到郑州“居数路要冲，冠盖旁午”，州官疲于应付，百姓常为额外税负所扰，曾公亮便询访闾里，为之除害兴利。郑州地方多盗贼，曾公亮大力整顿社会治安，禁戢奸盗，郑州一地“盗悉窜他境，路不拾遗，民外户不闭”，当地百姓便称曾公亮为“曾开门”。贤相曾公亮时刻以百姓利益为重，得到朝野的一致称誉，赞扬他秉政“务去民疾苦”。

曾怀初任金坛主簿时，官职虽微，却尽心惠民，认真劝学，帮助穷困的孩子读书，所以也很受当地百姓的拥戴。当他看到国家兵弱财匮时，又向皇帝提出对百姓应有体恤之心，建议以牧养为务，尽快释放那些罪行轻微的囚犯，以安辑流亡，发展生产。

曾孝宽为政也特别注重体恤民情，他选调知咸平县的时候，咸平百姓到官府诉说大雨把麦子毁坏了，导致小麦歉收，请求减免租税。没想到，官府不但没有减免租税，反而污蔑百姓寻衅闹事，杖之以示惩罚。曾孝宽听说后，亲自到田间查实灾情，上请朝廷减免了咸平县当年的赋税。

曾公亮次子曾孝广是北宋中期著名的水利专家，他担任京西转运判官时，黄河在内黄决口，宋哲宗急召曾孝广进京，提升为水部员外郎，命他负责治理黄河。曾孝广疏导了苏村黄河故道，并在巨野开凿河道，让河水北流入海，消除了澶州、滑州、深州、瀛洲的水患。又疏浚洛水河道，累石为防，此后洛水再没有发生水患。

曾从龙的弟弟曾用虎，庆元四年戊午（1198）与曾从龙同榜举人，他在任兴化军知军时，首创城堤，他亲自考察地形，在原有城池基础上加大加高。筑城第二年，便下令免除夏税一年，而以撙节盈余代民纳税，以作为他们辛苦筑城的酬劳。曾用虎自奉清苦，凡人情赠送，土木游观，皆屏弃不用。他还重新修筑太平废陂，使百姓大获其利，人称为“曾公陂”。至今，福建莆田还保存着宋绍定五年（1232）所立的“曾公陂”石碑，无言地诉说着曾用虎为民谋利的功绩。

曾氏族人正直处世，在权贵面前不折腰摧眉，不趋炎附势。曾公亮族侄曾孝序以荫补将做监主簿，累官至环庆路经略安抚使。当时，权相蔡京正推行结籴、俵籴之法，大肆搜刮民财，他对蔡京说：“天下之财贵于流通，现在却取民膏血聚于京师，恐怕不是太平之法。”后来，孝序又上疏言事，历数其弊，他忧心忡忡地说：“民力殚矣！民为邦本，一有逃移，谁与守邦？”曾孝序因此招致蔡京记恨，恼羞成怒的蔡京命御史宋圣宠罗织罪名，弹劾曾孝序，并追逮其家人，严刑拷问，然而却一无所获。蔡京只好另外找个理由，将曾孝序削职，迁往岭南。蔡京罢相后，曾孝序才得以复职。

宋高宗时期，曾公亮曾孙曾慥目睹奸臣当国，山河破碎，于是选宋朝自寇准至僧琏二百余家诗，博采旁搜，尤取颖秀者，悉表而出，力求匡扶民族之正气。著有《类说》五十卷，他在自序中说道：“小说可观圣人之训也。余侨寓银峰，居多暇日，因集百家之说，采括事实，编纂成书，分五十卷，名曰《类说》，可以资治体、助名教、供笑谈、广见闻。”曾公亮曾孙曾恬“为存心养性之学”，高宗绍兴中期，任大宗正丞。当时秦桧当权，曾恬不愿与之苟合，便请求外放台州。

晋江曾氏不仅代出高官，在文化上也取得了较高的成就，留下了丰富的文化遗产。曾会著《杂著》二十卷、《景德新编》十卷，文章词采雅丽、描绘生动。曾公亮才学非凡，曾主修《英宗实录》三十卷，监修《新唐书》二百五十卷，主编《武经总要》四十卷，又撰《唐兵志》三卷、《唐书直笔新例》一卷、《元日唱和诗》一卷。一代文学大家曾慥博学能诗，著述颇丰，有《类说》五十卷、《宋百家诗选》五十卷、《续选》二十卷、《通鉴补遗》一百篇、《道枢》四百二十二卷、《高斋漫录》一卷、《至游子》二卷。曾恬与胡安国共同辑录谢良佐言行，著为《上蔡语录》。曾怀有《少保文集》，曾从龙著有《曾少师诗集》，其余如曾孝广、曾说、曾诞等大都有著作传世。清代李清馥《闽中理学渊源考》中，曾提到曾氏家族中的曾恬、曾从龙等，将其称为温陵曾氏家世学派。此学派的形成，也造就了一个充满学术氛围的家族群体。

最值得一提的是《武经总要》一书，这部全面系统地论

一门四相

述军事制度和技术的巨著由曾公亮主编，历时四年而成，全书共分四十卷，分前后两集，“前集备一朝之制度，后集具历代之得失”。前二十卷论述了军事组织、制度及步兵骑兵教练、行军、营阵、战略、战术武器的制造和使用、边防地理等内容，并配以大量的图示，对各种兵器和攻城法作了极为详尽的阐述和介绍。其中的第十二卷载有“火炮火药法”、“毒药烟球火药法”、“蒺藜火球火药法”，记述了以硫黄、焰硝（硝酸钾）、松脂以及其他物质按一定的比例和操作程序制成的不同用途的火药，这是世界上最早的火药配方和工艺流程记载。后二十卷辑录了历代用兵的故事，论述阴阳占候（气象预测），保存了大量军事史资料，可以说是我国古代一部军事科学的大百科全书。

宋代晋江曾氏家族自曾会以进士起家，伟望硕德，奕世相承，“一门四相”的荣耀及代有显宦的政治地位使得曾氏家族声振朝野，“家运盛衰与国运相为终始”，据《题曾君世家盛事集》记载：宋代以来，泉州由进士出身至宰相者自曾公亮始。“父子两府，惟鲁公及子孝宽、蔡确及子懋而已；状元及第，惟公之从孙从龙及梁克家而已；一门进士十余人，惟曾氏及杨、吕、石、苏四姓而已；至如一门二相，兄弟三人同时侍从，祖孙四代，书殿馆阁，则曾氏独专其美，而他族不与焉”。泉州衣冠之盛，以曾氏为最。优良的为官作风和高尚的道义人格为他们赢得了良好的名声，从而使他们得到世人的尊重与仰慕。

曾氏族人在文化上的突出成就表明其家族十分重视文化教育，其注重教育、仁爱为本、清约自持、孝道传家的良好家风，是晋江曾氏绵延相继的重要因素，也为曾氏家族贤才辈出奠定了坚实的根基。正如清人李清馥所说："其家率公之教，修廉隅，力学问如寒士。观此，其积厚流光，自有本也"。曾氏几代人共同努力，在科举、仕途、学术等诸多方面的都取得了极大成功，良好的家风，给曾氏家族打上了厚重的文化烙印，不啻为宋朝文官士大夫家族的缩影。

（三）养亲抚孤的状元郎

曾鹤龄（1383—1441），字延年（一字延之），号松坡、臞叟，江西泰和人。据传他出生时，其母梦见一只丹顶鹤翱翔于空中，遂取名为鹤龄。他自幼聪敏异常，小时候在家接受启蒙教育时，便不用大人督责，与哥哥曾椿龄（一作曾春龄）一起，勤苦攻读。永乐三年，兄弟二人同时考中举人。次年，本想趁热打铁，同兄长一道入京会试，但考虑到父母年事已高，无人照料，只得放弃上京应考的机会，在家侍候

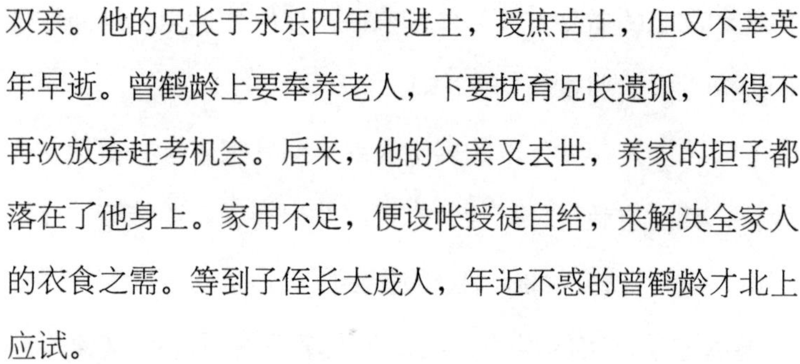

双亲。他的兄长于永乐四年中进士，授庶吉士，但又不幸英年早逝。曾鹤龄上要奉养老人，下要抚育兄长遗孤，不得不再次放弃赶考机会。后来，他的父亲又去世，养家的担子都落在了他身上。家用不足，便设帐授徒自给，来解决全家人的衣食之需。等到子侄长大成人，年近不惑的曾鹤龄才北上应试。

赶考途中，他恰好和一些浙江举子同舟赴京，那些人大都是年少狂生，聚在一处，高谈阔论。但曾鹤龄为人简默，不刻意显示自己的才能，同舟举子故意问他一些问题，想试试他的才学，他都谦虚地说自己不知道。那些人都瞧不起他，嘲笑说："凡夫俗子一个啊，能够应考，只怕是偶然的吧。"于是，给他起个外号叫"曾偶然"，但是曾鹤龄并不在意。等到会试发榜，那些嘲笑他的人都没能考中，但曾鹤龄却高中状元。曾鹤龄想起途中之事，不觉好笑，便赋诗一首，送给那些士子们："捧领乡书谒九天，偶然趁得浙江船。世间固有偶然事，不意偶然又偶然。"那些落榜的举子们读了之后，一个个羞得无地自容。

曾鹤龄参加永乐十九年（1421）的殿试时，永乐帝问如何才能达到垂拱而治？曾鹤龄在对策开篇就赞颂成祖"功成而治定，礼备而乐和"，所以能够纳天下于太和之世，百姓安居乐业。继而说明古昔圣王之所以无为而治，原因在于他

曾鹤龄事母至孝

们有为在先，随后他谈到选贤用能的重要性，强调只有善用贤才，才能实现垂拱而治，天下太平。曾鹤龄的对策深为永乐帝所称赏，曾鹤龄39岁一举夺魁，天下传为美谈。

状元及第后，曾鹤龄授职翰林院修撰。宣德元年（1426），他奉宣宗皇帝诏命祭祀南岳和舜陵，参与修撰《太宗实录》。五年，为庚戌科同考官，升任翰林院侍读。次年，因母亲病逝，曾鹤龄丁忧回乡，为母守墓。

英宗正统元年（1436），曾鹤龄复职，参与修撰《宣宗实录》。正统三年，《宣宗实录》修成，升翰林院侍讲学士，掌南京翰林院事，不久又升迁为奉训大夫，主持顺天府乡试。这次考试的第一天晚上，贡院考棚突起大火，许多已呈交的试卷被火烧得残缺不全。当时的一些官员担心朝廷怪罪，不敢向上面报告，只想着赶快把考棚修葺一下，结束考试。但曾鹤龄力排众议，他说："只有重新考试，才能消除各种弊端。否则，即使我们没有私心，但有些考卷已被烧毁，考生必然落榜，这样的话我们一定会招致怨谤。再说，朝廷怎么会舍不得这点费用来成此盛举呢？"于是，他不顾个人安危将实情上奏，请朝廷准予重新考试。结果得到明英宗的许可，使得这次乡试比较圆满地完成，众人都叹服其办事认真的态度和胆识。

曾鹤龄一生任职翰林院二十余年，从政、治学相当勤

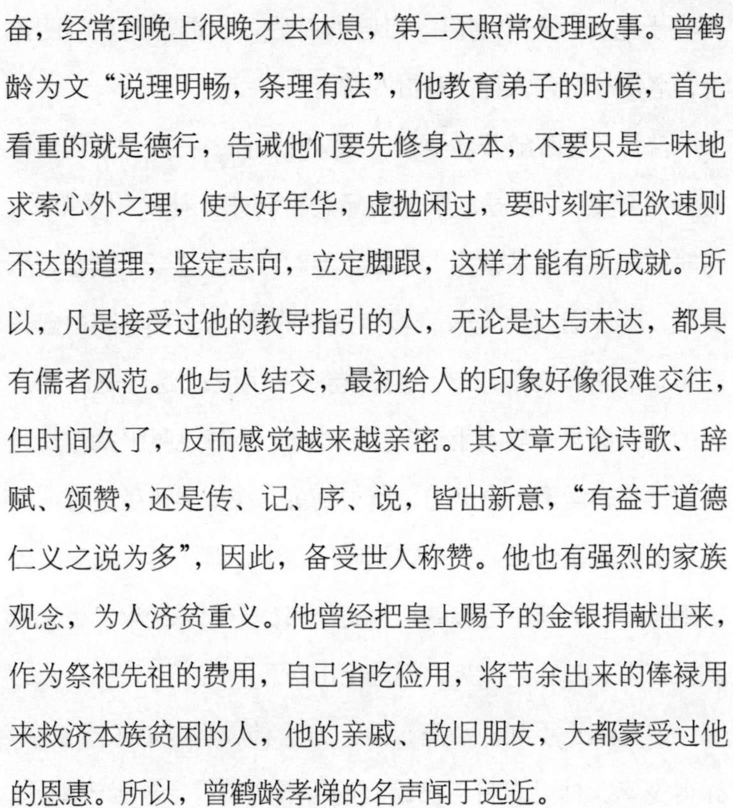

奋，经常到晚上很晚才去休息，第二天照常处理政事。曾鹤龄为文"说理明畅，条理有法"，他教育弟子的时候，首先看重的就是德行，告诫他们要先修身立本，不要只是一味地求索心外之理，使大好年华，虚抛闲过，要时刻牢记欲速则不达的道理，坚定志向，立定脚跟，这样才能有所成就。所以，凡是接受过他的教导指引的人，无论是达与未达，都具有儒者风范。他与人结交，最初给人的印象好像很难交往，但时间久了，反而感觉越来越亲密。其文章无论诗歌、辞赋、颂赞，还是传、记、序、说，皆出新意，"有益于道德仁义之说为多"，因此，备受世人称赞。他也有强烈的家族观念，为人济贫重义。他曾经把皇上赐予的金银捐献出来，作为祭祀先祖的费用，自己省吃俭用，将节余出来的俸禄用来救济本族贫困的人，他的亲戚、故旧朋友，大都蒙受过他的恩惠。所以，曾鹤龄孝悌的名声闻于远近。

（四）爱国孝亲的曾几

曾几（1084—1166），字吉甫，其先赣（北宋时称章贡，南宋改称赣州）人。其父曾准，宋嘉祐二年进士，官江陵通判，明慎刑狱，执法公正，受到吏民称赞。曾准生四子，均

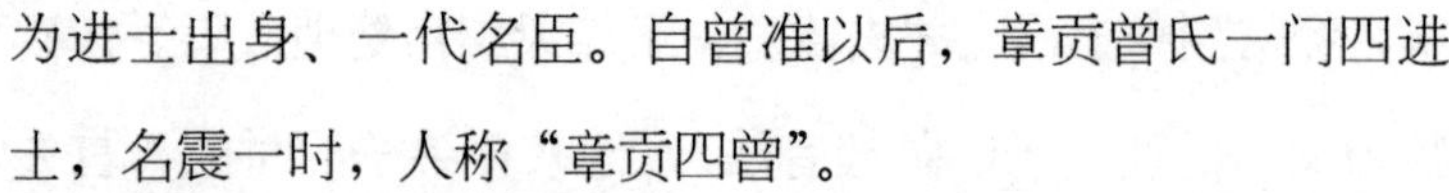

为进士出身、一代名臣。自曾准以后，章贡曾氏一门四进士，名震一时，人称“章贡四曾”。

曾几幼时跟随著名学者、舅父孔文仲、孔武仲学习，被誉为“奇童”。未冠之年，随兄长官郓州，补试州学第一。当时的州学教授是赣州人孙勰，他对考生试卷多不满意，感叹说：“我们江西人写文章没有这样的。”考生都不明白怎么回事，后来孙勰取出曾几的答卷对考生说：“这才是江西人写的文章啊!”考生们读了之后，一个个都很佩服。曾几进入太学后，学习十分努力，屡中高等，在太学诸生中有很高的名望。宋徽宗时，其兄曾弼赴任途中，渡江落水遇难。因曾弼无后，朝廷特恩赐曾几为将仕郎。宋大观初年，吏部铨试五百人，曾几列优等，赐进士出身。

曾几刚正不阿，清廉正直。方士林灵素以道术惑徽宗，深得宠幸。林灵素将自己编写的符书《神霄录》献于朝廷，群臣争相前往捧场，只有曾几、李纲、傅崧卿等人称疾不往。他在任应天府少尹的时候，宦官奉旨取金，但是却没有带公文，府尹徐处仁召集僚属商议，准备变通处理此事，曾几力争不可。虽然徐处仁最后没有采纳他的建议，但对他正直的人品却尤加敬服。曾几平生取与，“一断以义”。他任职岭南时，达官贵人常常派人前去寻求沉水香，他一概不予。曾几也曾任官台州，台州近海，当地盛产蚶菜，但一直到他

离开台州，他都没有吃过。

靖康初年，因时任礼部侍郎的兄长曾开反对秦桧与金议和，触怒秦桧，曾几也受牵连被贬职。之后，曾几辞职，寓居上饶茶山寺长达七年之久，自号茶山居士，世人遂称之为茶山先生。绍兴二十五年秦桧死后，曾几起复为浙西提刑，处死滑吏张镐，民众称快。次年，知台州。黄岩县令纵容手下两小吏肆意受贿，中饱私囊，两小吏抓住把柄相要挟，黄岩县令便将两小吏投入狱中害死。曾几追查此事，欲治其罪。有人偷偷告诉曾几说，这个黄岩令是当今左丞相的门下客，劝他不要因此而危及自身前途。但曾几毫不姑息，抓紧审理此案，最终将黄岩令绳之以法。

后来，经吏部尚书、参知政事贺允中的举荐，宋高宗宣召曾几进京。当时正值高宗决心惩处秦桧擅权卖国、广开言路的时候，上疏言事的人非常多，曾几对高宗说："士气很久没有像现在这样振作了，您如果要发奋使国家再次兴盛起来，一定要将过去错误的东西改正过来，对以往受冤屈、被贬逐的大臣，以及能够直言敢谏、一心为国的人，甚至那些假充正直来邀取名誉的人，希望陛下对他们宽容优待，给天下作出榜样。"宋高宗听后十分高兴，授官秘书少监。曾几以老臣自外超用，名震京都，他入朝的时候，虽然须发皓然，但仪表端庄，神态壮美，众人看了都感叹不已，认为是国家太平之象。而此时，距曾几初次担任官职已有38年之久。绍兴二十六年（1157），奉命修《神宗宝训》，得到高宗赞赏，又命其修神宗、哲宗、徽宗三朝正史，同时任命他为礼部侍郎。曾几之兄曾楙、曾开都曾担任过礼部侍郎，曾氏一门三兄弟，相继任官礼部，朝野上下一时传为美谈。

绍兴二十七年，吴、越地区发生洪灾、地震。曾几引用唐朝贞元年间陆贽救灾的故事，建议高宗抓紧救灾、赈抚，以稳定吴越局势，安定民心。宋高宗当时没有采纳他的意见，但几天后高宗醒悟过来，对曾几说："你前几日所言救灾事，朕已经派遣漕臣前去办理了。"并且对他慰勉有加，说："我看你身体健壮，不像老人，请你一定要保重身体，为国家留下有用之身。"曾几拜谢，对高宗说道："我没有什么可惧怕的，只知道进退有礼，一定不负陛下重用之恩。"不久，曾几被擢升为提举洪州玉隆观，兼职集英殿修撰。

绍兴三十年（1161），迁敷文阁待制。适逢金军南犯，朝野震惊，宋高宗想遣散百官，暂时躲避到海上。杨存中上书劝谏说："敌军空国南侵，已经攻陷淮河流域，这个时候正是贤能之士奋起报效国家的时候，我愿意率领士卒，北上抗敌。"高宗便让朝野上下共同商议御敌之策，这时有人建议不如暂缓出兵，用金帛结好金国，消除战乱。曾几上书，慷慨陈词："增币请和，无小益，有大害。为国家考虑，现

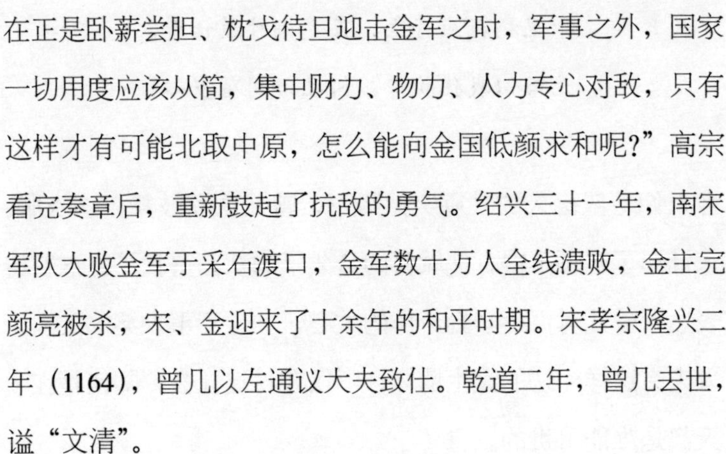

在正是卧薪尝胆、枕戈待旦迎击金军之时，军事之外，国家一切用度应该从简，集中财力、物力、人力专心对敌，只有这样才有可能北取中原，怎么能向金国低颜求和呢？”高宗看完奏章后，重新鼓起了抗敌的勇气。绍兴三十一年，南宋军队大败金军于采石渡口，金军数十万人全线溃败，金主完颜亮被杀，宋、金迎来了十余年的和平时期。宋孝宗隆兴二年（1164），曾几以左通议大夫致仕。乾道二年，曾几去世，谥“文清”。

曾几学识渊博，贯通六经，特别擅长《易经》、《论语》，早晨起来端正衣冠，读《论语》一篇，一直到老每天都是这样。他为人笃学力行，不哗众取宠，以诚敬倡导学者。他的文章，雅正纯粹，尤其是诗写得出色。他曾向江西派诗人韩驹、吕本中学习过诗法，“诸公继没，公岿然独存，道学既为儒者宗，而诗益高，遂擅天下”，南宋“中兴四大诗人”中的陆游、范成大、杨万里，都是他的学生。曾几的诗作闲雅清淡，气韵疏畅，多忧国忧民之作。比如他在任浙西提刑的时候，有一年夏秋之时久晴不雨，秋禾枯焦。七月二十五日夜，大雨倾盆而下，曾几欣喜不已，作《苏秀道中》诗一首：

一夕骄阳转作霖，梦回凉冷润衣襟。

不愁屋漏床床湿，且喜溪流岸岸深。

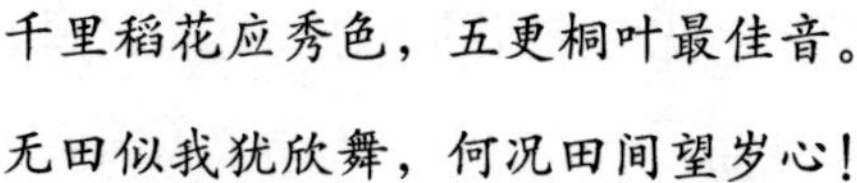

千里稻花应秀色，五更桐叶最佳音。

无田似我犹欣舞，何况田间望岁心！

当人们盼望已久的甘霖突然降下，曾几欢欣鼓舞，连衣服、床铺湿了也顾不得，他欣喜的是久旱的秋苗得救了。这首诗表达了曾几对百姓辛勤劳作的关心，一位不事农桑的文人士大夫有这样深切的民生情怀，不仅在封建社会，即使是在今天都是难能可贵的。

曾几不仅是一位廉洁清正、风节凛凛的爱国忠臣，还是一位大孝子。他侍奉父母至孝，曾几的父亲去世之时，他才十余岁，已经能执丧如礼，终丧不肉食。母亲去世后，曾几箪衣素食十五年，等到年老有病颠顿昏花，才不得已而停止。每当到了父母生辰的时候，他就去家庙拜祭，念及父母养育之恩，常常痛哭流涕。陆游《曾文清公墓志铭》说他："孝悌忠信，刚毅质直，笃于为义"，堪称忠臣孝子的典范。

（五）奉祀袭封嗣圣脉

与孔、颜、孟三氏相比，宗圣曾氏后裔因南迁庐陵，累朝恩礼之盛，曾氏独缺。直到明嘉靖年间，曾氏才得以列于

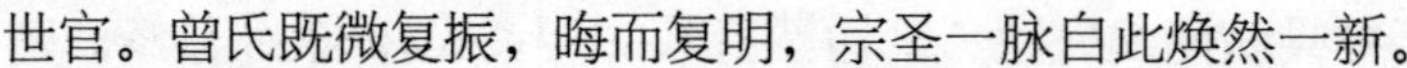

世官。曾氏既微复振，晦而复明，宗圣一脉自此焕然一新。

明代成化初年，在山东嘉祥县发现了曾子墓。地方官向朝廷报告说：嘉祥县南武山西南，元寨山的东麓，有个渔夫陷入穴中，看到一具悬棺，墓碑上刻着“曾参之墓”。明宪宗下诏善加修筑保护，“封树丘陵，筑建享堂、神路，旁树松柏，缭以周垣”。弘治十八年（1505），山东抚按金洪又奏请重修曾子墓，新建享堂三间、东西斋房各三间、中门一座，左右角门二座，大门一座、石坊一座。

正德年间，山东按察司佥事钱宏亲至嘉祥，地方官员在嘉祥附近悉心访求有无曾氏后人。嘉靖十二年，吏部左侍郎兼翰林院学士顾鼎臣奏请访求曾氏嫡裔一人，授以翰林院五经博士，主持曾子祀事。他说：“尧、舜、禹、汤、文、武、周公之道，传至孔子而大明，其德与功垂之万世，直与天地同其高深矣。孔子传之曾子，曾子传之子思，子思传之孟子。……曾子传道之功优于颜子，而孟子私淑于曾子、子思。今颜孟子孙皆世袭博士，而曾子之后独不得沾一命之荣，岂非古今之阙典也哉?”顾鼎臣的建议被朝廷采纳，通令各地，访求曾子嫡嗣。江西永丰曾氏后裔曾质粹经合族共推，抱谱应诏，江西抚按访查清楚后，上报朝廷。

嘉靖十四年，下诏命曾质粹回嘉祥，以衣巾奉祀。十八年（1539），授曾质粹为翰林院五经博士，并拨发公款，在嘉祥县城南隅兴建“曾翰博府”，由山东巡按蔡经监修。曾府占地十余亩，坐北朝南，门悬“翰博府”匾额，门外照壁一座，大门里为前院，东西厢房各三间。二门三间，左右二角门。二门里为中院，建有大堂五间，东西配房各三间，抱厦三间，前坊一座。大堂后为内宅。整个曾翰博府富丽堂皇，巍峨壮观。

曾质粹之子曾昊早卒，没有承袭翰林院五经博士。曾昊之子曾继祖，小时候眼睛患病，行动不便，再加上遭遇父、祖连丧，心情悲痛，以致迁延日久，没有及时办理袭封事宜。万历元年（1573），江西永丰龙潭曾氏族人曾衮因应贡到京，见有机可乘，遂动贪念，自称曾参嫡支，大肆营求，朦胧袭职。无奈之下，曾继祖携子曾承业赴京师，痛陈曾衮奸谋及冒袭之罪。吏科给事中李盛春、都给事中刘不息、山东道御史刘光国先后上疏参劾曾衮冒袭五经博士。后经吏部会同礼部查勘，并由曾氏亲族里邻人等共同证明，确认曾承业实系曾子六十一代孙曾继祖之子，曾氏之嗣当属曾承业。随后，朝廷褫夺曾衮冒袭官职，勒令其返回原籍，翰林院五经博士由曾继祖之子曾承业世袭。万历五年（1577）八月，曾承业袭封翰林院五经博士，主持宗圣曾子祀典。此后，嘉祥曾氏世代承袭翰林院五经博士，历经明清两代，共计396年。

曾氏袭封翰林院五经博士之后，多次重修曾子庙、曾子墓，并经山东巡按向朝廷请旨，定以春秋上丁由地方官员祭祀曾子庙，如文庙制度，被时人赞为“二千余年，遗典坠章，一旦创睹，薄海之内，近悦远慰”的盛事。除了在曾子庙举行的春秋二丁祭之外，曾氏家族对于曾子的祭祀，还有墓祭和岁时祭祀。在每年的清明节、七月望、十月朔，曾氏族人都要祭扫宗庙、祖墓，主祭由曾氏宗子、世袭翰林院五经博士担任。

明清两代，不仅多次派遣官员到曾庙祭祀，以表达对宗圣曾子的尊崇，而且对曾子后裔也给予了极高的优遇，诸如拨发公款修葺曾子庙墓、御赐祭器、设礼生、奉祀生、赐祭田户役、临雍陪祀、优学优试、免除差徭等。正是在统治者崇儒重道的优渥之下，宗圣苗裔日益昌泰，曾氏家族也随之显融光大，与孔、颜、孟三氏家族相比肩，成为古代社会倍显荣耀的世袭贵族世家。

（六）曾承业撰志光祖风

孝道，不仅体现为一种观念文化，同时还具有极强的实践精神。《中庸》载孔子曰：“夫孝者，善继人之志，善述人之事者也。”在孔子看来，继承祖先的遗志、弘扬祖先的道德、光大祖先的事业，是特别值得称赞的孝德孝行。作为曾子后裔，曾承业恪守孝悌传家的教诲，进一步发扬孝道精神，创设宗圣书院，辑录《曾子全书》，编纂《曾志》，为保存丰富曾氏家族文献、传扬孝悌家风作出了贡献。

曾承业，字洪福，号振吾，曾子六十二代孙。其父曾继祖事母孝敬，在母亲去世后，庐墓三年，被朝廷旌表为“孝子”。幼年的曾承业耳濡目染，深受影响。他承袭翰林院五经博士之后，有感于《曾子》一书佚而不传，而南宋时期汪晫所辑《曾子》一卷又割裂补缀，难以窥见先祖言行、事迹的全貌，于是编辑《曾子全书》三卷，共十一篇。曾承业所辑《曾子全书》的篇目为：卷一《主言》一篇，卷二《修身》、《曾子事父母》、《曾子制言上》、《曾子制言中》、《曾子制言下》、《曾子疾病》、《曾子天圆》七篇，卷三《曾子本孝》、《曾子立孝》、《曾子大孝》三篇。和《大戴礼记》所载“《曾子》十篇”相比，《曾子全书》将《曾子立事》改为《修身》，与《群书治要》的篇题相同，又多出了《主言》一篇，全书次序也与《大戴礼记》有所不同。曾承业辑录之《曾子全书》收入《四库全书·儒家类存目》，尽管清儒对《曾子全书》的编排方式以及内容的增添，并不十分赞同，但曾承业辑录《曾子全书》，在提升曾氏族人的认同感以及传承曾氏家族文化方面，有着非同寻常的意义。

宗圣书院

曾氏自曾质粹从江西永丰东归嘉祥，单门弱祚，勉力支撑，中经曾衮夺袭之争，至曾承业承袭翰林院五经博士，方才安定下来。曾承业编辑《曾子全书》之后，“感于前之变迁，非《志》无以彰往；又惧后之湮晦，非《志》无以训来”，便仿效颜、孟二氏，广为搜集，撰写《曾志》。曾承业曾自述其编辑《曾志》的缘由，他说他的先祖曾子亲聆孔圣一贯之道，“其在孔堂，虔始要终，以肩道统，即颜氏无多让焉，思、孟可知已”，而我“一二宗人，越在他国，庙器之不守，而典籍之多残”。自从曾祖父应诏命，归奉冢祀，到如今逐渐安定，立志撰写此书，以弥补曾氏典籍的遗漏残缺。从中，我们不难看出，曾承业锐意修创《曾志》的精神所在。

当时的山东巡按姚思仁是个非常重视文化的官员，对文献典籍尤其关注。他看到孔、颜、孟三氏都有志书，纪述世系暨累朝恩礼的盛况，而曾氏身负道宗，侪颜启孟，唯独缺少曾氏《志》，以致“武城之地望几埒于凡封，而皇帝神明之胄无别于下姓”，所以非常期望有人能够纂修曾氏《志》，以彰显曾子传道之功及曾氏后裔袭封之荣。当他看到曾承业呈送的《曾志》初稿时，喜悦之情油然而生，感慨道：是书“一意为述，则孔氏窃比之义存焉。以进于史，则列在章而非在野；以降于乘，则副在司存而非家。千载获麟之野，恍若重瞻乎瑞物”。他甚至将曾承业的撰述称为《曾氏春秋》，尤为看重。

正是出于这种文化传承的责任感，姚思仁责成山东兖西道签事李天植主持《曾志》刊刻事宜，并对他说："《曾志》成，何不付杀青，岂以曾有功于圣门，在颜、孟下耶？……是编也，载曾氏之孝大备，博士家家传而户诵之，则经翼而传，不必衍矣！且圣天子以孝衢兴理，锐意治平，用是以备献纳、待顾问，其为益非鲜小也，岂直曰备曾氏典籍云乎哉？"姚思仁的这段话，主要表达了两个意思，一是在孔门弟子中，曾子的传道之功值得肯定。正如焦竑所说："《孝经》为曾子而作，《论语》成于曾子之门人，戴记《学》《庸》二篇，表章于家，又曾子以授子思者也。由此观之，孔子之学，惟曾子得其宗，岂诬也哉？……此学道者非断乎以曾子为宗不可也。"另外一层意思，就是《曾志》的纂修既可弥补史志之阙，又可"备献纳、待顾问"，有益于世。在姚思仁的大力支持下，经李天植删减增益，修饰润色，《曾志》于万历二十三年（1595）刊刻行世，这是有史以来曾氏家族的第一部《志》书，为后世《宗圣志》的续修和编纂提供了丰富的素材。

《曾志》首列图赞，次详谱系，搜集曾子事迹，胪列历代崇典，遗文往什，备载无余。《曾志》的纂修，当时就多获赞誉，翰林院修撰朱之番赞扬《曾志》的纂修使得"道统

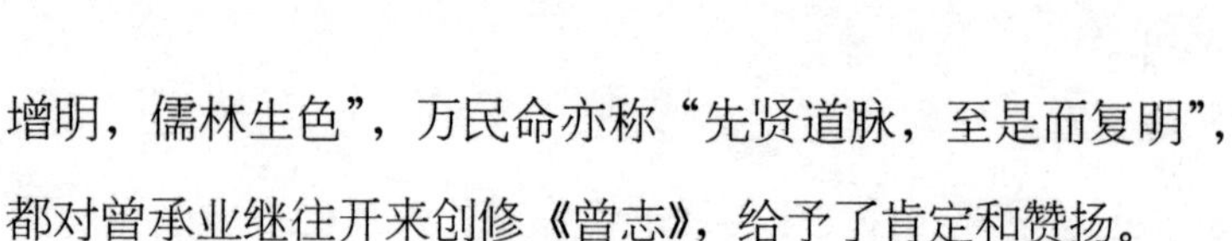

增明，儒林生色”，万民命亦称“先贤道脉，至是而复明”，都对曾承业继往开来创修《曾志》，给予了肯定和赞扬。

（七）“中兴第一名臣”的传家宝

被誉为清王朝“中兴第一名臣”的曾国藩，以其“历百千艰险而不挫屈”的精神，勇猛精进，坚韧卓绝，以平定太平天国之功封一等毅勇侯，登上了个人事业的顶峰，克复金陵的九弟曾国荃也被封为一等威毅伯，兄弟二人各得五等之爵，为清代二百年来所未见，湘乡曾氏的声名自此远播中外。作为中国近代史上的著名人物，曾国藩不仅自己建立了不朽之功业，其兄弟、子侄也都是当时叱咤风云的人物，卓有成就。他的两个儿子，曾纪泽是著名外交家，曾纪鸿是著名数学家；孙辈中曾广钧23岁即中进士，授翰林院编修，成为翰苑中最年轻的一员；其他的也都从政从军，善始善终；曾孙辈则多是学者，各有专长。湘乡曾氏的崛起和兴旺，很大程度上得益于曾国藩严格的家庭教育。

曾国藩，字伯涵，号涤生，湖南湘乡人。死后被追谥“文正”，所以后人又称他为曾文正公。据说他出生的时候，祖父梦见巨蟒飞入室中，认为这是曾氏将要光大的瑞兆，因此对他格外钟爱。他的父亲曾麟书是个塾师秀才，曾国藩自八岁起就在父亲的严格督导下，诵习举子业。少年曾国藩聪颖机敏，好学不倦，道光十八年(1838)，中进士，殿试列三甲第四十二名，赐同进士出身。因为朝考时成绩名列高等，授翰林院庶吉士。此后，曾国藩广为交游，与程朱理学、桐城学派、经世学派等各家知名人物相交往，精心研究历代典章制度以及治国安邦的历史经验。曾国藩的仕途一帆风顺，官运亨通，十年之中，迭次升迁，连跃十级，成为朝廷二品大员。他在给弟弟的信中说："三十七岁得二品者，本朝尚无一人。"从此，他更加勤勉尽职，数度应诏陈言，极力图报。咸丰二年，在家守丧的曾国藩受命办理湖南团练。曾国藩生当乱世，有治国、平天下的胸怀和抱负，他说："盛世创业垂统之英雄，以襟怀豁达为第一义；末世扶危救难之英雄，以心力劳苦为第一义。"所以，他以挽救江河日下的国势为己任，由此历经十年苦战，最终平定太平天国，挽大厦之将倾，成就了他一生最为重要的功业。

功成名就的曾国藩并没有因此而得意忘形，而是更加兢惕戒惧。曾国藩深知，家族之兴盛，官职和财富纵然是重要因素，却不可依凭长久。要保证家道不衰，更为重要的是加强对子弟的教育，教他们以儒为本，读书求知，修身自立。

他在论及家道兴衰时指出："凡家道所以可久者，不恃一时之官爵，而恃长远之家规；不恃一二人之骤发，而恃大众之维持。”又说：“家中要得兴旺，全靠出贤子弟。若子弟不贤不才，虽多积银积钱，积谷积产，积衣积书，总是枉然。子弟之贤否，六分本于天生，四分由于家教。”在这里，曾国藩回答了一个问题：一个人的聪明或者愚笨、善良或者邪恶，到底是先天的因素决定，还是后天的教养重要？曾国藩认为先天因素稍大于后天教养，但二者同样重要。古往今来，圣哲名儒之所以彪炳宇宙，无非由于文学、事功：“文学则资质居其七分，人力不过三分；事功则运气居其七分，人力不过三分。”而尽心养性，全靠“人力主持，可以自占七分”。也就是说，在道德领域，人的后天教养可以占到七分，而文学、事功只不过仅占三分。

正因如此，曾国藩劝导子弟不必一心汲汲于科第功名，而应学习有用之学，注重修身养德。他提出无论世之治乱，都要做到“读古书以训诂为本，作诗文以声调为本，事亲以得欢心为本，养生以少恼怒为本，立身以不妄语为本，居家以不晏起为本，居官以不要钱为本，行军以不扰民为本”的家训，要求兄弟子侄时刻牢记，踏实践行，期于有成。

曾国藩的“八本”家教既渊源于儒家的家训传统，又是对曾氏家风的继承。曾国藩的太高祖应贞（字元吉）终生以勤劳致富，常常告诫子孙“勤俭立身”、“耕读保家”，祖父

八本堂
讀古書以詁訓為本
事親以得歡心為本
立身以不妄語為本
居官以不要錢為本
作詩文以聲調為本
養生以少惱怒為本
居家以不晏起為本
行軍以不擾民為本

曾国藩故居“八本堂”匾额

玉屏(字星冈)虽然年轻时沾染了游惰习气，招致乡人讥笑，但却能“立起自责”，幡然改悔，每天天不亮就起床，苦心治理家业。由于他本人早年失学，所以引为深耻，决心让子孙读书，对子弟督责甚严。曾国藩对其祖父非常崇拜，他把祖父创立的一套家法，总结为“八字诀”，即：“早、扫、考、宝、书、蔬、鱼、猪”，以保持俭朴之风，不忘稼穑之艰。早、扫，即早起和扫除；考，指祭祀，有“慎终追远”之意；宝，指睦邻，强调邻里之间“患难相顾”；书，指读书，并非只读四书五经、八股试帖之类为中举做官打基础的书，而是要读能经世致用的书，成为读书明理的君子。蔬、鱼、猪，即指种菜、养鱼、养猪。

曾国藩在给儿子纪泽的信中一再谈到这“八字家法”：“星冈公最讲求治家之法，第一早起，第二打扫洁净，第三诚修祭祀，第四善待亲族邻里……故余近写家信，常常提及书、蔬、鱼、猪四端者，盖祖父相传之家法也。”这种勤俭、耕读的家风，在曾国藩身上打下了深深的烙印。

他不仅给自己订下“不晏起，勤打扫，好收拾”的戒条，也要求家中子弟以“贪睡、晏起”为戒，以“早起、洒扫”共勉。他强调“家中养鱼、养猪、栽竹、种菜四事，皆不可忽”，在家里男的要扫地、除草、种菜、养鱼、喂猪、读书，女的要学习洗衣、煮菜、烧茶，比如他规定女儿、儿媳每年必须做鞋一双以考其女工，必须“作些小菜如腐乳、酱菜之类”以验其勤惰，“一则上接祖父以来相承之家风，二则望其处有一种生气，登其庭有一种旺气”。他要求曾氏要将这八个字“永为家训”，断不可一日忘之。他说只要能守住这八个字，摒弃奢侈懒惰之心，培养勤俭谦劳精神，不管家之贫富，总不失为上等人家。纵使位列三公，拜相封侯，身处荣华富贵之中，但他仍坚持保持寒士家风，不准子女积钱买田，不准依恃父辈权势胡作非为，穿衣不准奢靡华丽，让他们多走路，少坐轿，善待邻里。

为了教育后代，曾国藩还将其住宅命名为“八本堂”，并将其内容刻于匾额之上，以宣示后人“莫坠高曾祖考以来相传之家风”。曾家子弟，后来各有造就，家运昌隆，是深得这“八字家法”之益的。

曾国藩处多难之世，几十年从政、治军，苦心劳神，饱经忧患，积累了丰富的为学、处世的阅历和经验，所以他的家教内容十分广泛，大到经邦治世、修身进德，小到家庭生计、人际琐事，无不涉及，而贯穿其中的，就是修身、做人之道。

曾国藩教育子弟首重品德，立志做好人。他在给诸弟书中说：“科名有无迟早，总由前定，丝毫不能勉强。吾辈读书，只有两事：一者进德之事，讲求乎诚正修齐之道，以图无忝所生；一者修业之事，操习乎记诵词章之术，以图自卫其身。”他要求诸弟把《大学》三纲领“明德、亲民、止至善”当作“分内事”去做，“若读书不能体贴到身上去”，读书何用？曾国藩在外王事功方面虽独步天下，但晚年因天津教案处理不当而招致朝野抨击，内负疚于神明，外得罪于清议，故而反省说：“日月如流，倏已秋分，学业既一无所成，而德行不修，尤悔丛集。”修业与进德二事，进德居首。道光十一年（1831），他改号涤生，涤，取“涤去旧染之污”的意思；生，则如袁了凡所说：“从前种种，譬如昨日死；以后种种，譬如今日生”。显而易见，曾国藩对“诚正修齐”的重视。

在修身方面，他提倡居敬、主静、谨言、慎行。他强调为人首先要立志，有民胞物与之量，有内圣外王之业，方能为天地完人。他将“不为圣贤，便为禽兽；莫问收获，但问耕耘”四句置于座右，时刻鞭策自己。从自己的人生经历中，曾国藩体会到“将相无种，圣贤豪杰亦无种”，只要人肯立志，天下无不可为之人，亦无不可为之事。因此，他不断地教诲子弟“总须先立坚卓之志”，他说：“盖志不能立，时易放倒，故心无定向，无定向则不能静，不能静则不安，其根只在志之不立耳。”一个人有志向，就能达到孔子所说的“我欲仁，斯仁至矣”的境界，如果自己不立志，即使天天和尧、舜、禹、汤吃住在一起，那对自己也没丝毫益处，“彼自彼，我自我”，终身为一庸人。

人如何才能实现自己的理想呢？曾国藩教育子弟要持志有恒，以坚韧不拔的毅力和精神直面一切困难挫折。他说：“吾家祖父教人，亦以‘懦弱无刚’四字为大耻。故男儿自立，必须有倔强之气。”曾国藩将“好汉打脱牙，和血吞”视为自己平生咬牙立志的秘诀，他教育子弟第一要有志，第二要有识，第三要有恒。一个人有志向，肯定不会甘居下流；有见识，就会知道学问无穷，人外有人，天外有天，不敢以一得自足；有恒心，则断无不成之事。

志、识、恒三者，曾国藩特别看重有恒。他教导纪泽“人生惟有常是第一美德”，“学问之道无穷，而总以有恒为主”。做到有恒，看似容易，其实很难，难就难在坚持不懈。他结合自己的体验，教育儿子“年无分老少，事无分难易，但行之有恒，自如种树蓄养，日见其大而不觉耳”。因此，他要求儿子“看、读、写、作，四者每日不可缺一”，每天“看、读”要五页纸以上，字要写100个，逢三逢八日必须作一文一诗。尽管曾国藩身居要职，公务繁忙，甚至父子相隔千里之遥，但他总是抓紧一切空隙，不厌其烦写信回家，循循善诱、细心指点。教育儿子不仅要学传统经史之学，还要学习天文算学、物理化学、外语等知识，曾纪泽最后能够成长为中西贯通的杰出外交家，既有自身持志有恒的原因，也与曾国藩数十年如一日的辛勤教育是分不开的。

曾国藩认为，持家应以孝悌、勤俭、和睦为主，提出了“勤俭孝友”的四字治家箴言，把“孝友传家”看作是自家的优良传统，并努力将其发扬光大。曾国藩的祖父因病卧床三年，他的父亲衣不解带，朝夕事奉，未尝一日安枕。曾国藩常说，他的父亲“教人，则专重‘孝’字，其孝壮敬亲，暮年爱亲，出于至诚”。太平天国农民起义爆发后，曾国藩兄弟受命办理团练，父亲作一对联：“有子孙，有田园，家风半耕半读，但以箕裘承祖泽；无官守，无言责，世事不闻不问，且将艰巨付儿曹”，激励曾国藩兄弟尽忠报国。晚年的时候，看到儿孙辈文治武功，皆有成就，又自撰一联：“粗茶淡饭布衣衫，这点福老夫享了；齐家治国平天下，那些事儿曹当之”，对儿孙辈更是寄予厚望。

人常说，身教重于言教。榜样的力量是无穷的，曾国藩在这样勤俭孝友的大家庭里成长，耳濡目染、潜移默化，更是把孝悌看得十分重要。他认为，只有在孝悌上下功夫，才能使家世长盛不衰。他对诸弟及其子侄的孝悌教育和要求极其严格，要求他们时时笃行孝悌，务必做到“使祖父母、父母、叔父母无一时不安乐，无一时不顺适；下而兄弟妻子皆蔼然有恩，秩然有序”。于父亲饮食起居，必须“十分检点”，“无稍疏忽”；于母亲祭品礼仪，要“必洁必诚”；于叔父，需“敬爱兼至”；于兄弟妯娌之间，“总不可有半点不和之气”。凡晚辈，一定要“俭于自奉”；对长辈务必“奉养宜隆”。有一次，因为一件小事，他和叔叔争辩，以致心生嫌隙，曾国藩谴责自己说：“与乡里鄙人无异，至今深抱悔憾。故虽在外，亦恻然寡欢”。

因此，曾国藩特别强调永保“耕读”、“孝友”家风的重要性，把孝友看作立家的基石，他说：“吾人只有进德、修业两事靠得住。进德，则孝悌仁义是也；修业，则诗文作字是也。此二者由我做主，得尺则我之尺也，得寸则我之寸也。”他接着说道，假如今天进了一分德，便算是积了一升谷；明天修一分业，又算是余了一文钱。德业并增，则家私日起，财富、俸禄自然到手。假如说只是文章作得好，而疏于修德尽孝，也只能算个“名教中之罪人”。所以，曾国藩要求兄弟子侄“从孝友二字切实讲求”，指出注重孝友，就会立获吉庆，家庭生机盎然、和乐融融，反是则立获殃祸。

曾国藩要求子侄做到的，自己首先身体力行，以身作则。因此，他在日常生活中非常注重自身的表率作用，要求兄弟做到的，自己和夫人首先做到；要求子侄做到的，自己和兄弟们首先做到。曾国藩夫妇侍奉父母、祖父母，尽心尽力，以让老人欢心为根本，一家融洽欢愉、其乐融融。难能可贵的是，曾国藩还经常自我反省，引咎自责，他常常在家信中征询父母和兄弟们的意见，来改正自己不孝的过失，比如他曾责备自己说，他教弟千言而弟不听，父亲教弟数言而弟遽惶恐改悟，这不是弟弟的过错，而是因为自己不能友爱，没有修养自己的德行好好引导他们啊。此后，在友爱兄弟方面，曾国藩尤其用心。

到了晚年，曾国藩回顾往昔，自感半生戎马倥偬，虽挣得功名，却多负家人，“生平于伦常中，惟兄弟一伦，抱愧尤深”，因而敦劝儿子纪泽在叔祖、各叔父面前要多尽爱敬之心，“常存休戚一体之念，无怀彼此歧视之见，则老辈内外必器爱尔，后辈兄弟姊妹必以尔为榜样，日处日亲，愈久愈敬”。只有这样，才能弥补他的亏欠。他在临终之前给儿子的家书中说，自己早岁久宦京师，于孝养之道多疏，后来辗转兵间，多获诸弟之助，他教导儿子说：“我身殁之后，尔等视两叔如父，视叔母如母，视堂兄弟如手足。凡事皆从省啬，独待诸叔之家，则处处从厚，待堂兄弟以德业相劝，过失相规，期于彼此有成，为第一义。”常言道：“孝友之家有余庆”，曾国藩临终时对子女的教诲，可谓发自肺腑、令人深思。

曾国藩毕生注重孝悌，视在家尽孝、为国尽忠为天经地义的事，他曾说：“盖君子之孝，尤重于立身，内之刑家式乡，外之报国惠民。”他把尽孝道看作是儒家修齐治平模式的重要一环，一则使曾氏家族和睦兴家，长盛不衰；二是为了使曾家兄弟能“入孝出忠”，“尽忠报国”。曾国藩最大的心愿便是能在家做孝子，为国做忠臣，可以说，他是一个“移孝作忠”的典范。

曾国藩也把勤俭作为持家之准绳，他训导子弟，一是希望他们成为读书明理的君子，二是要求他们保持勤劳俭朴的家风。他以为一国或一家之兴，皆由克勤克俭所致，他平生以勤自励，以俭教人，他说：“由俭入奢易于下水，由奢反俭难于登天”，因此，在家书和日记中，他不厌其烦地训诫诸弟及子侄要“勤俭自持，习劳习苦”，要求子侄“除读书外，教之扫屋，抹桌凳、收粪、锄草，是极好之事，切不可以为有损架子而不为也”。

曾国藩深谋远虑，以家人习奢、长傲为苦恼，因为奢侈就会引人嫉妒，傲慢就会讨人嫌，都是败家之兆。他曾说：“家败离不得个奢字，人败离不得个逸字，讨人嫌离不得个骄字”，“天下古今之庸人，皆以一惰字致败，天下古今之才人，皆以一傲字致败”。比如他的弟弟曾国荃爱摆阔气，喜欢讲排场，对他这种奢靡作风，曾国藩深以为忧，多次修书劝诫，不惮其烦地教导家人在“俭”“谨”上多下工夫：“总宜以勤敬二字为法。一家能勤能敬，虽乱世亦有兴旺气象。……吾生平于此二字少工夫，今谆谆以训吾昆弟子侄，务宜刻刻遵守。”他以先祖勤俭事迹作为珍贵的家教教材，督责子弟效法，他在家书中这样说：“吾家累世以来，孝弟勤俭。辅臣公以上吾不及见，竟希公、星冈公皆未明即起，竟日无片刻暇逸。竟希公少时在陈氏宗祠读书，正月上学，辅臣公给钱一百，为零用之需。五月归时，仅用去一文，尚余九十八文还其父。其俭如此！星冈公当孙入翰林之后，犹亲自种菜收粪。”

曾国藩提出勤俭的最重要动机，基于“家勤则俭，人勤则健；能勤能俭，永不贫贱”的思想。他念念不忘的是家族的长久，而兴家保泰之道，勤俭、谦虚最为紧要，他说：“大约兴家之道，不外内外勤俭、兄弟和睦、子弟谦谨等事”，“千古之圣贤豪杰，即奸雄欲有以立于世者，不外一‘勤’字；千古有道自得之士，不外一‘谦’字，吾将守此二字以终身”。所以，他谆谆告诫昆弟子侄，切不可忘记先世之艰难：“有福不可享尽，有势不可使尽”，“勤字工夫，第一贵早起，第二贵有恒；俭字工夫，第一莫著华丽衣服，第二莫多用仆婢雇工”。更不能有轻慢师长、讥谈人短的恶习：“欲求稍有成立，必先力除此习，力戒其骄”。

曾国藩深怕子弟好逸恶劳，染上贵公子习气，非常强调勤俭与敬慎和谦等德性的结合。他说，一家之中，能勤能敬，没有不兴旺的；不勤不敬，没有不败落的。尤其是乱世居家，不可有余财，多财则终为患害，如果子孙贤能，就不会依赖家财，也能自觅衣饭；子孙若不肖，父母多积一钱，他就多造一孽，后来淫佚作恶，必定大玷家声。他为女择婿，都要从勤俭着眼：“欲择一俭朴耕读之家，不必定富室名门也。”曾国藩希望子弟都能自立自强、多读书、能勤俭，他说：“所贵乎世家者，不在多置良田美宅，亦不在多蓄书籍字画，在乎能自树立，子孙多读书，无骄矜习气。”所谓“能自树立”，也就是能够自觉地戒除种种坏习气，培养好的品格而立于世间。

曾国藩教育子弟，既注重及时引导，防患于未然，又注重严于律己，以身作则。他出将入相，每天日理万机，自晨至晚，勤奋工作，从不懈怠。主要公文，均自批自拟，很少假手他人，晚年时右目失明，仍然天天坚持不懈。他“每日楷书写日记，每日读史十页，每日记茶余偶谈一则”，这三件事未尝一日间断。他所写日记，直到去世前一日才停止，“勤”之一字可谓贯穿终身。他的家庭生活，也是克勤克俭，日常饮食，总以一荤为主，非有客到，不增一荤；穿戴更是简朴，一件青缎马褂一穿就是三十年。为避免子弟流于骄奢，他终生都坚持不存钱、不置地的原则。

曾国藩还经常向儿女们总结自己一生的成败得失，说自己生平有三耻："学问各途，皆略涉其涯涘，独天文算学，毫无所知，虽恒星、五纬亦不识认，一耻也；每做一事，治一业，辄有始无终，二耻也；少时作字，不能临摹一家之体，遂致屡变而无所成……三耻也。"他以自我省察的办法诱导儿子从以上三个方面努力，去弥补自己的缺憾，也引导儿子全面地成长。在传统社会，父亲向子女陈说自身的不足，是很少见的，从家教的角度，则更为难得。

曾国藩的治家方法、治家成就，以及对家庭的尽责与爱护，自非凡人所能企及，他对子女的叮嘱与教育，更是鞠躬尽瘁，死而后已。"滚滚长江东逝水，浪花淘尽英雄。"纵览古今，多少红极一时的达官贵人之家，由于家教不严、门风不正，往往好景不长，犹如昙花一现，随即变成过眼云烟。而曾氏家族书香绵延，人才辈出，不能不说得力于曾国藩"孝悌勤俭"家风的陶冶。他以家庭为本位，注重伦理道德修养，端正家风、敦品立志、和顺家门、孝敬长上、友爱手足、勤俭持家、雍睦亲邻的家教思想，深受后人的推崇。一部《曾文正公家书》，与颜之推的《颜氏家训》、朱柏庐的《治家格言》（世称《朱子家训》）一样，成了中华民族传统的家教经典，无论是官宦豪富，还是布衣百姓，几乎都把曾国藩奉为治家的典范，这也是宗圣曾子后人留给我们的一份宝贵文化遗产。

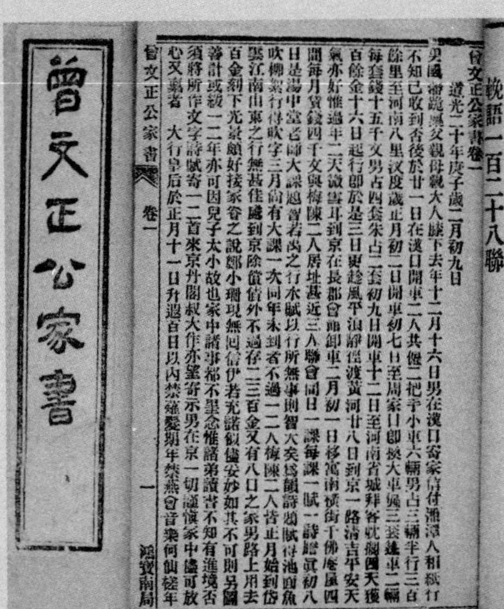

輓詩八章
輓聯一百二十八聯

曾文正公家書卷一

道光二十年庚子歲二月初九日

男國藩跪稟父親母親大人膝下去年十二月十六日男在漢口寄家信付湘潭人和紙行不知已收到否後於廿一日在漢口開車二人共僱二把手小車六輛男占三輛半行三百餘里至河南八里汊度歲正月初二日開車初七日至周家口即換大車僱三套篷車二輛每套錢十五千文男占四套朱占二套初九日開車十二日至河南省城拜客耽擱四天獲百餘金十六日起行即於是三日更趁風平浪靜徑渡黃河廿八日到京一路清吉平安天氣亦好惟過年二天微雪耳到京在長郡會館卸車二月初一日移寓南橫街千佛庵屋四間每月賃錢四千文與梅陳二人居址甚近三人聯會間日一課每課一賦一詩謄真初八日是湯中堂老師大課題智若禹之行水賦以行所無事則智大矣為韻詩題賦得池面魚吹柳絮行得吹字三月尚有大課一次同年未到者不過一二人梅陳二人皆正月始到岱雲江南山東之行無甚佳處到京除償債外不過存二三百金又有八口之家男路上用去百金剩下光景頗好接家眷之說鄭小珊現無回信伊若允諾似儘妥妙如其不可則另圖善計或緩一二年亦可因兒子太小故也家中諸事都不罣念惟諸弟讀書不知有進境否須將所作文字詩賦寄一二首來京丹閣叔大作亦望寄示男在京一切謹慎家中儘可放心又稟者 大行皇后於正月十一日升遐百日以內禁薙髮期年禁燕會音樂何仙槎年

曾文正公家書 卷一 一 鴻寶書局

曾文正公家書

《曾文正公家书》书影

四、忠义清廉

（一）坚志忠义的曾据

曾氏家族自曾参以来，至十五代孙曾据，世代居住在嘉祥南武山，或耕读，或出仕，生息繁衍。曾据（前43—?），字恒仁。据《武城曾氏族谱》记载，汉代时袭封都乡侯，因功加封关内侯。曾据的弟弟曾援，官都乡侯。可见，在西汉时期，曾氏家族已经具有相当的政治和社会地位。

汉宣帝以后，政权逐渐为外戚王氏一门所把持，“众兄弟皆将军五侯子，乘时侈靡，以舆马声色佚游相高”。王莽的姑姑是汉元帝的皇后，他虽然是显赫的外戚，但因为父亲死得早，孤贫无依，所以，王莽并没有像他的堂兄弟们那样，奢靡无度，而是恭俭处世，“受礼经，归事沛君陈参，勤身博学，被服为儒生”。因此，朝野推重，声誉日隆。先后任大司马、太傅安汉公，以宰辅之号扶持国政。但王莽掌握大权之

南遷記

余奉

天王簡命秉爵

興朝靜夜思維每以不克鞠躬盡瘁勤勞王事是憾意謂推心置腹披肝瀝膽庶可挽回

天心奠安社稷俾

高皇帝玉葉永傳國祚無疆是予之厚願也奈朝臣懷貳弄賊與變虔劉我邊鄙棻毒我社稷頓使光華之天下倏成混沌之山河嗟予孤臣獨力其奚支耶顧予不能一死以謝罪而

廣石曾氏三修族譜　南遷記　一號　曾國堂

曾据《南迁记》书影

后，马上丢掉了谦恭的伪装，利欲熏心，毒死汉平帝，选了一位年仅两岁的刘婴为“孺子”，而自为“假皇帝”，又称“摄皇帝”。初始元年（8）王莽改国号为“新”，正式建立新朝。

王莽以外戚代汉，是前所未有的恶行。虽然他打着禅让的幌子，但实际上无异于倒行逆施。他篡位后实行的恢复井田制、改革币制等措施，也引起了社会的极大混乱。对王莽篡汉的行为，曾据极为不满。他在《南迁记》中愤言指斥莽贼兴变，“顿使光华之天下，倏成混沌之山河”。因“耻事新莽”，曾据于始建国二年（10）十一月挈族渡江南迁，徙居豫章庐陵郡吉阳乡（今江西庐陵）。

在世事纷乱的年代，曾据刚正不阿、不事权贵的精神，以及不畏艰难带领族人南迁所表现出的坚韧品格深受后人褒扬。东汉明帝时期，全椒令刘平上疏称：“关内侯曾据，秉性端方，坚志忠义”，奏请朝廷给予表彰。永平癸亥（63）二月，汉显宗孝明皇帝下诏封曾据为吉阳郡公，同时敕封曾据之妻、湖阳公主刘大家为吉阳郡一品夫人。

（二）曾氏井泉千古冽

因受气候、环境的影响，岭南很长时期以来都被世人视为瘴疠之区。唐代刘恂在《岭表录异》中对岭南地区的瘴疠肆虐情形有所记载："岭表或见异物自空而下，始如弹丸，渐如车轮，遂四散，人中之即病，谓之瘴母"。在岭南的边远山区——粤东龙川、梅州一带瘴疠之害更是严重。唐宪宗时韩愈被贬潮州刺史，赴任途中在蓝关遇到前来探问的侄孙韩湘，有感于粤东地区的山岚瘴气，写下了"知汝远来应有意，好收吾骨瘴江边"的凄楚诗句。宋代李纲《过黄牛岭》也有"深入循梅瘴疠乡，云烟浮动日苍黄"的感叹。唐宋时期的许多史书都有官军征战过程中受瘴疠影响，水土不服，最终招致失利的记载。如《南史·杜僧明传》记载，梁大同年间，交州豪士李贲反叛，逐刺史萧谘。杜僧明派遣其子子雄与高州刺史孙扁率军讨伐。时春草已生，瘴疠方起，行至合浦，士卒中瘴者，死者十之六七，军卒皆害怕为瘴疫所袭，四处溃散，子雄不得已，只好率余兵退还。

唐末五代时期，曾芳担任程乡（今广东梅县）令，为政清明，体谅百姓疾苦。当时，程乡的百姓被山野间的瘴气害得苦不堪言，曾芳组织人手给百姓治病。由于得病的人太多，他想出一个好办法，命人将配好的药投入井中让百姓饮用，没过多久，就治好了这种病。后人为纪念曾芳的德政，把这口井命名为"曾井"，并建曾公祠。《程乡县志》记载："曾井，在县治西一里，梅峰之东……泉清冷而甘，可愈疾疠，屡有奇验”。

至宋仁宗时，侬智高造反，枢密使狄青受命南征，路经梅州，不料军士染上瘴疫，狄青“祷于井，水溢，饮之而愈”。大军凯旋，狄青向朝廷首先奏明泉井治瘴之功，仁宗听了，深受感动，追封曾芳为“忠孝公”，特赐飞白书“曾氏忠孝泉”五字。时人张志远也写下“曾井有泉治瘴疠，口口口口纪高贤”的诗句，对一心为民的曾芳加以表彰。

宋咸淳七年（1271），知州蒲寿晟见曾井遗泽在民，便以自家积蓄在曾井上建石亭一座，每日汲井水两瓶，摆放在公堂之上，时刻提醒自己，以曾芳爱民惠民为榜样，清廉从政，人颂曰：“曾氏井泉千古冽，蒲侯心事一般清”。清康熙八年（1669），时任程乡县令王仕云又重修曾井、忠孝曾公祠，使曾芳的爱民事迹千古流传。

（三）曾崇范藏书献国家

曾崇范，曾子第四十代孙，字则模，庐陵人。曾崇范自幼喜爱读书，常年手不释卷，“灶薪无属而读书自若”，即使吃不饱、穿不暖，也不放弃读书。因为曾崇范好读书，所以他藏书甚丰，家中收有九经、子、史等书，“广储一室，皆手自校定”，天下知名。在唐末五代动乱的年代，这是非常难得的。

南唐时，兴建学校，由于典籍残缺，遂下诏各郡县广为搜集。吉州刺史贾皓知道曾崇范为藏书大家，便亲自到曾崇范家中求书，想自己花钱来购买他的藏书，用以进献朝廷。崇范知道了他的来意，笑着对他说：“坟典，天下公器。世道乱的时候藏在民间，是为了不让这些书散失；世道太平的时候就应藏于国家。无论是藏于家还是藏于国，只要能够流传后世，都是一样的。我又不是开书肆，怎么可以用金钱来衡量呢？”于是，曾崇范就把自己的藏书献了出去。曾崇范因学问道德俱佳，被南唐召授为太子洗马，迁东宫使。

尽管曾崇范没有著述流传，但清人所编的《全唐诗》里却保存了题名为“曾崇范妻”所作的一首诗，诗曰：“田头有鹿迹，由尾著日炙”，充满了田园气息，从一个侧面反映了曾崇范夫妇不慕荣华、心怀苍生的高尚情操。

（四）“秋雨名家”念苍生

曾氏南迁之后，单门弱祚，“贤哲之宗，不免拓线如丝发”。直到宋代，南丰望族，阀阅始传，出现了以南丰曾氏、晋江曾氏、章贡曾氏为代表的新兴文化家族，人才辈出，文化兴盛。“江南三曾氏”的崛起，迎来了曾氏家族发展史上的一个新的阶段。

唐代，曾子第三十三代孙曾丞由江西永丰徙居庐陵吉阳上黎堡，其子曾略官节度使，由吉阳迁抚州西城，是为南丰曾氏。曾略五传至曾洪立，唐昭宗时任抚州南丰县令，累升检校司空、金紫光禄大夫、典南门节度使。曾洪立生有三子：长子延福、次子延构、三子延铎。曾延铎，任检校右散骑常侍，有五子：仁敷、仁昭、仁皓、仁旺、仁光。曾仁旺有四子：致尧、从尧、咨尧、佐尧。曾致尧，即“唐宋八大家”之一曾巩的祖父。南丰曾氏从曾致尧开始，仕宦济济，功名显赫。自太平兴国八年至宝祐元年（983—1253）的270余年间，曾氏祖孙登进士第者共55人，解试41人，荐辟19人，在朝为官者过百人，而且在各自的领域都有建树。曾致尧就是南丰望族的奠基人。

曾致尧（946—1012），字正臣，少时知名江南，“所学已皆知治乱、得失、兴坏之理”。宋太宗太平兴国八年（983）举进士及第，是北宋开国后南丰曾氏第一个进士及第的人。他先任符离县主簿、梁州录事参军，累迁光禄寺丞、监越州酒税，召拜著作佐郎、直史馆，改任秘书丞、两浙转运使等职。曾致尧性格刚正，直道正言，上书言事，辞多激

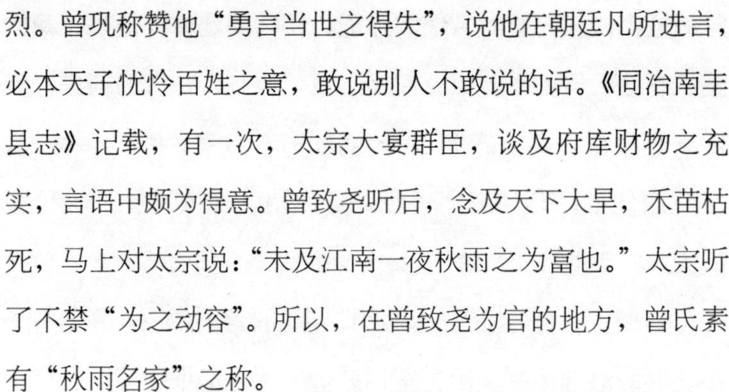

烈。曾巩称赞他“勇言当世之得失”，说他在朝廷凡所进言，必本天子忧怜百姓之意，敢说别人不敢说的话。《同治南丰县志》记载，有一次，太宗大宴群臣，谈及府库财物之充实，言语中颇为得意。曾致尧听后，念及天下大旱，禾苗枯死，马上对太宗说：“未及江南一夜秋雨之为富也。”太宗听了不禁“为之动容”。所以，在曾致尧为官的地方，曾氏素有“秋雨名家”之称。

曾致尧为官清廉，不畏权势。他任两浙转运使时，谏议大夫魏庠任苏州知州，仗恃朝廷旧恩，多行不法之事，当地官吏、百姓惧不敢言。曾致尧查实后，将魏庠恶行上报朝廷，建议严厉惩处。宋太宗看到奏疏，为其胆识所惊骇，吃惊地说：“他敢于惩治魏庠，真是令人可畏啊！”便罢免了魏庠的官职。曾致尧认为，自唐朝衰亡，民穷已久，为政宜宽简，关心人民疾苦。他在两浙，奏罢苛税二百三十余条，深为百姓所爱戴。岁终，考课最优，徙知寿州。寿州接近京师，诸豪大商交结权贵，号为难治。但在曾致尧在任时，“诸豪敛手，莫敢犯公法”。等到任职期满，寿州民众不忍其离去，遮留数日。不得已，曾致尧只得带领两个随从悄悄离开寿州。等到离开寿州很远了，寿州的百姓仍然恋恋不舍地追来送行。

宋真宗即位后，曾致尧迁主客员外郎、判盐铁勾院。当时的枢密使张齐贤欣赏他的才能，特向朝廷举荐他担任翰林院试制诰。但由于曾致尧性格刚直，遭到一些人的猜忌，最后宋真宗以“舆议未允”，转而任命曾致尧为京西转运使。在京西任上，又与三司争论，免民租，释放那些拖欠租税的人。

有一次，他奉使安抚西川，因临行匆忙，误留诏书于家。副职潘惟岳帮他出主意，教他向朝廷汇报说渡江时“舟破亡之”，以求自解。曾致尧却正颜说道：“为臣而欺其君，吾不能为也”，于是，上疏朝廷自请处罚。后来，潘惟岳向宋真宗详细汇报了其中的缘由。宋真宗听了，也被曾致尧的正直所感动，感叹了好久。后来，宋真宗崇信符瑞，自京师至四方，大兴土木，建造宫观。对此，曾致尧忧心不已，他上疏劝说宋真宗绌奸邪，修人事，拳拳忠心溢于言表。

大中祥符五年（1012），曾致尧卒于官，享年66岁，赠谏议大夫。宋神宗熙宁年间，又赠太师、密国公。曾致尧为宦一生，遵循母教，以清贫自守。他迁光禄寺丞，监越州酒税后，回家看望母亲。母亲周氏置酒园中，与会亲族看到他衣冠破旧，仆马瘦弱，都议论纷纷。但是曾致尧的母亲却欣慰地说：“贫而见我，是我荣也。若黩货而归，贻吾忧矣。”母亲的深明大义和谆谆教诲，对曾致尧自然有很大的教益，同时也为子孙树立了榜样。在良好的家庭教育下，曾致尧的七个儿子都学有所成，荣登进士第。

曾致尧以文鸣当世，其为文“闳深隽美，而长于讽喻”。《南丰县志》存其诗数首，《题东林寺壁》向称名篇，载于《江西通志·文艺》中的《云庄记》更是饮誉后世的散文佳作。另著有《仙凫羽翼》三十卷、《广中台志》八十卷、《清边前要》五十卷、《西陲要纪》十卷、《为臣要纪》十五篇、《四声韵》五卷，《直言集》五卷、《文集》十卷，皆刊行于世。欧阳修所作《尚书户部郎中赠右谏议大夫曾公神道碑铭》称赞他“公所论议，敢人之难。古称君子，有德有言”，可谓恰如其分。

（五）“清约自持”的三朝名相曾公亮

曾公亮（999—1078），出身官宦之家，少力学，能文章，有抱负。宋仁宗即位之初，奉父命持表赴京入贺，授试大理评事，但他宁愿靠自己的能力由科举入仕，所以就婉言谢绝了。宋仁宗天圣二年（1024），曾公亮中进士甲科第五名，知越州会稽县，正式走上仕途。

曾公亮步入政坛时，正是宋代民族矛盾日趋激烈的时代，兵虚财匮的危局引起统治集团内部有识之士的关切，他们纷纷指陈弊端，以图革新。曾公亮为官 47 年，从地方官到宰相，终身都致力于兴利除弊，强兵富国。

宋初加强中央集权，实施将兵分离的政策，导致了“兵无常帅，帅无常师”和“守内虚外”的后果，严重削弱了军队的战斗力，以致与辽、夏军作战时“大战则大败，小战则小败”，处处挨打。曾公亮针对这一弊端，反复强调“择将帅”以强武备，在奉诏编纂的《武经总要》中，曾公亮提出了“择将之道”：“惟审其才之可用，不以远而遗，不以败而弃，不以诈而疏，不以罪而废。”庆历八年（1048），宋仁宗召集大臣讨论朝政得失，让他们就兵农要务、边防备御等事提出具体建议。曾公亮上疏条陈六事：“完堡栅、畜兵马；使主兵者久于其任，则敌骑不敢窥边；取之得其要，任之得其材，则将帅不患无人；损冗兵、汰冗官；节财用，省徭役，不专在农，则耕者劝。”他指出现今“将不称职”的原因不在于没有将才，而是因为“选之不得其要，或用之未尽其才”，所以，他建议选将必须“先选其才，然后任之以事”，“必先试以行阵疆场之时，所试有效，至于三四，始与显官厚禄以重其任，然后委其命而勿制，用其言而勿疑”。

同时，曾公亮也一针见血地指出了裁撤冗兵、淘汰冗官的重要性。主张用数年工夫，练为精卒，使之捍卫边防，以更换疲冗之兵。熙宁四年，他出知永兴军，坚决裁抑军费，长安豪强制造谣言，声称士兵埋怨削减费用，打算在元宵夜勾结其他军队发动叛乱。面对中伤和威胁，曾公亮丝毫不为所动，神宗对他大加称赞，感叹说："大臣如公亮，极不可得也。"宋代的官僚机构臃肿现象十分突出，比如三班院最初不过300人，但到宋仁宗时却扩充至一万余人，"仕进多门，人浮政滥，员多阙少，滋长奔竞，靡费廪禄"。针对为政怠惰、人浮于事的现象，曾公亮提出，一要"议定员数"，汰裁冗官；二要精选地方官员；三要加强对官吏的考课督察。他在任职三班院时，发现三班院吏员冗杂，非赇谢不行，贵戚权要子弟，恃势请谒。便从源头入手建章立制，严加整顿，"吏束手无能，而人亦不敢干以私，后至者莫能易也"。欧阳修不常轻易赞扬别人，但他到任三班院时，常常赞许曾公亮做得好。

曾公亮常说"政事以仁民为先"，他做官也是务去民之疾苦而补助穷乏。在担任会稽知县、知郑州时，"为政惠和"，为百姓办了不少好事。他担任宰相后，与韩琦戮力一心，更唱迭合，修纪纲、除弊事，数次裁撤冗兵，更革废举尤多。他身居高位，平素恪守宽恕待民的原则，注重谨慎断狱，从不滥用刑罚。史载，密州（今山东诸城）产银，民众常盗取之，大理寺主张按强盗罪论处，严刑处死。曾公亮却说："白银是禁物，盗取白银虽然也是强抢，但和盗取民间财物还是有区别的。”自此，盗取白银者比照劫禁物法处理，盗银者得不死。

年富力强的宋神宗继位后，革故鼎新，创立新制，力图扭转宋王朝衰弱不振的局面。曾公亮更是尽心竭力，推贤扬善，夙夜不懈，辅佐朝纲。他对王安石的才干非常赏识，多次向神宗推荐，尽管遭到守旧派的阻挠和反对，但曾公亮都没有动摇支持王安石的决心，为推动“熙宁变法”作出了一定贡献。

曾公亮端庄忠厚，办事细密，平居谨绳墨、蹈规矩，及处大事，毅然不惑，“所至举职，皆有能名”。《宋史》称其“静重镇浮，练达老成”，曾肇在《曾太师公亮行状》中说他：“履和蹈义，笃行不殆，故能奋起小官，不繇党援。周旋侍从，致位宰相，佐佑三世，有劳有能，定策受遗，功施社稷。知止克终，老而弥劭，为一代之宗臣。”王安石称赞他“小大具宜，济以勤恭；实相累朝，有德有庸”。在其拜集贤相制中，说他“知略足以经远，德望足以镇浮”，故世人誉为贤相。曾公亮去世后，宋神宗赐谥“宣靖”，亲临悼念，并御书其碑首“两朝顾命，定策亚勋”，备极哀荣。

曾公亮自布衣至公相，但他并不以势骄人，而是身处富贵以清约自持。曾肇说他“居家谨严，无惰容。虽在高位，常屈己下士”，为世人所敬重。他性格和乐平易，“待故旧不以富贵易意，任子恩多推与旁宗外族，及致仕而归，诸孙多未官者”。曾公亮致仕后，神宗想赐给他一座府第以安度晚年，但他坚决辞谢，仍居旧庐，粗庇风雨，以普通百姓自居。他平生善读书，至老不倦，博识强记，晚年精明不衰。与宾客谈论，诵旧学，讲典故，娓娓而谈，听者忘疲。

曾公亮严于律己，治家谨严，曾家子弟也遵循曾公亮的教诲，“不为骄侈，子弟修廉隅，力学问如寒士，不知其为势家贵族也”。他对待长辈，一视同仁，凡所奉养，“无甚异也”。致仕后，其子孝宽迎居西府。当时，曾孝宽为枢密直学士、起居舍人签书枢密院事，入则侍帷幄、赞国论，退而承颜侍膳，雍容膝下，一时之盛，虽古未有。曾公亮年老的时候，对儿子说：“吾老矣，一旦被病不起，不宜污官寺”，遂归旧庐。他病重之时，家人数劝勉进药饵，曾公亮却说：“物盛则衰，固其常也，非药饵所能。”临终，辞色不乱。清代学者王景彝评论说：“曾明仲，然谨约为近，而严过之，其福寿固弗逮也。”

曾公亮为相十五载，以儒术吏事，见推一时，而能清约自持，严谨治家，不仅难能可贵，也堪为后世之榜样。尤其是在曾公亮的教育熏陶之下，子弟力学清正，恭礼孝亲，使得曾氏一贯家声万古流芳。

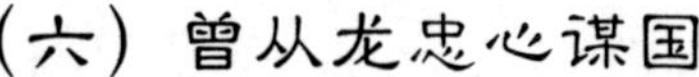

（六）曾从龙忠心谋国

曾从龙（1175—1236），字君锡，原名曾一龙，曾公亮四世孙。自幼秉承家学，勤奋读书。宋宁宗庆元五年（1199），年仅25岁的曾从龙蟾宫折桂，高中状元。因廷对“独占天下第一之选”，被宋宁宗视为天下无双的栋梁之材，御笔改赐“从龙”。自北宋建国至宁宗庆元五年二百四十年间，进士及第者多达两万九千余人，蒙皇帝赏识御笔改名者仅宋庠、王拱辰、曾从龙三人，称得上是“希世宠遇”。曾从龙登上政治舞台后，心忧天下，忧国忧民，殚精竭虑，除弊兴利，被后人推崇为“公忠体国”的楷模。

高宗渡江以来，南宋蜗居半壁河山，忍辱偷生。宁宗继位之后，立志图新，支持韩侂胄对金采取强硬措施。曾从龙登上政治舞台后，怀抱洗雪国耻之心，除弊兴利，悉心辅政。嘉定元年（1208），他作为南宋使节出使金国，不卑不亢，执礼不挠，维护了国家尊严。使金还朝，更受器重，擢刑部尚书。当时南宋虽然只有半壁江山，但与北宋相比，冗官却有增无减，曾从龙对官员因循守旧、尸位素餐的弊端深感痛恨，他上疏说：“现在许多州郡长年累月缺正职的州郡

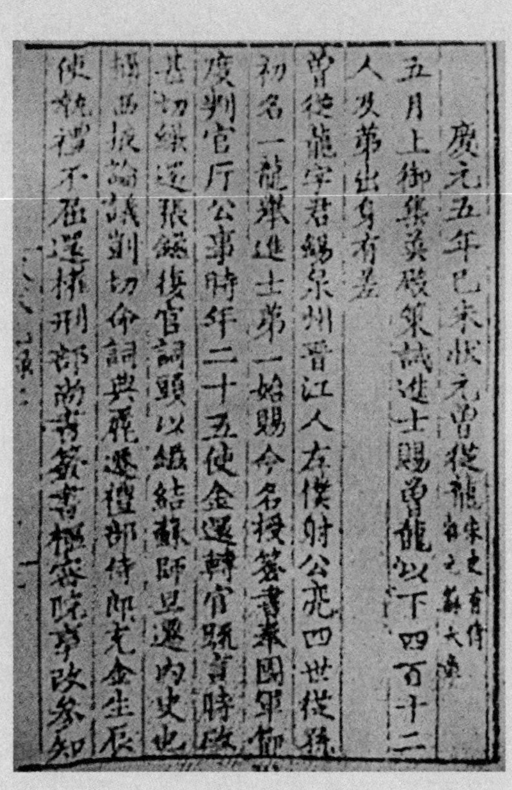

慶元五年己未狀元曾從龍 宋史有傳 謚文肅

五月上御集英殿策試進士賜曾龍以下四百十二

人及第出身有差

曾從龍字君錫泉州晉江人左僕射公亮四世從孫

初名一龍舉進士第一始賜今名授簽書奉國軍節

度判官厅公事時年二十五使金還轉官既言時政

甚切繳還張鎡授官詞頭以鎡結蘇師旦還内史也

極西振論議剴切命詞與罷遷禮部侍郎充金生辰

使執禮不屈還拜刑部尚書簽書樞密院事改參知

《宋历科状元策》书影

长官，很多地方仅以副职临时担负州郡长官的职责，像现在这个样子，不是长久之计，更何况临时充任的官员，他们不知道以后将会到什么地方任职，又如何能尽心为国家、为百姓办事呢？在这些地方，我经常看到刑讼的事情被拖延不办，国家的政令不被执行，从政者玩忽职守，但是却醉心于游赏乐事，将州郡的事交给胥吏去办，胥吏则对百姓横征暴敛、为所欲为，这样的情况不止一处。有些地方，倘若来了一位正职的州郡长官，百姓就像大旱之年忽见甘露一样欣喜不已。可是许多官员尚未踏进州郡的境内，却因其他的原因或调职，或贬逐，或罢任。更何况每更换一次州郡的长官，借贷宴请的消费不下百万缗。要知道州郡每年的收入，都有一定数额，如此年年频繁地迎来送往，所耗费的钱财实在是不可计数。轻易更换州郡的长官，对国家、对百姓都不是一件严肃的事情，更会因此产生一些弊病、增加百姓许多负担。我希望陛下颁诏给负责此事的几位官员，一旦州郡的正职长官有缺，就让他们拟好名单，即时上奏，请陛下裁定。如果有惧怕承担责任不愿意就职的，或者为了争取肥缺而行贿的，就派御史查证，如果情况属实，就弹劾他们，并从速更换官员前去就职，为百姓考虑、为州郡考虑、为国家考虑，这是宽民力，使百姓富裕、增加国家财赋的办法啊。”此后，他又将各地灾荒的情况上奏皇帝，请求皇帝减

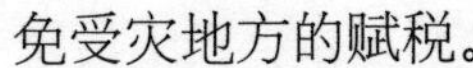
免受灾地方的赋税。

嘉定六年（公元1213）秋，暴雨不断，曾从龙以阴雨为由劝谏宋宁宗释放一批有冤情的囚犯，他对宁宗说，如果要使天下太平，必须从“行施德政，积蓄人才，整顿边防，修整武备”这几个方面做起。宁宗对他的建议十分重视，便任命他为礼部尚书，负责科举考试的事情，为国家选拔人才。

曾从龙深知使命重大，专门上书宁宗，他说：“国家以科举制度网罗天下的才俊之士，应该从义理上观察他们是否知晓国家大义，是否明白先贤先圣的教诲；从辞赋上观察他们是不是博通古今、知道古今之变；从议论中观察他们对事物的认识程度，是否消沉、偏激，是否腹中无物，是否真心实意地为国家考虑；从策论上观察他们是否真有才干。这些士子一旦入仕，国家以后许多政治、外交、军事、财政等事都要依靠他们来完成。现在许多地方因循守旧的习气已经成为了一种风气，因此出现了文风不振，学习不求甚解，以至于言辞文章不能表达自己的意思；不能博览群书，以至于所涉猎的东西往往比较浅陋；文章议论粗鄙、疏陋，以至于虽然语句繁华，但整篇文章的格调低下、言之无物，气象萎靡。我给陛下说起这些事情，是想请陛下严厉谕示天下，让天下人能认真读书，多学一些有用的东西，多增加一些才干，为国家积蓄一批真正有用的干才。澄源正本，天下最紧要的事莫过于此。”宋宁宗听从了他的建议，下诏让天下读书人按照这种要求去读书，参加科举。曾从龙忠心谋国，深受宁宗器重，便任命他为端明殿学士，签书枢密院事，太子宾客，后又改任参知政事。

曾从龙为官固守节操，从不趋炎附势。奸相史弥远擅政弄权，重用薛极、胡榘等人，把持朝政，排斥异己。宁宗病死后，史弥远废掉皇太子，另立赵昀为帝，是为宋理宗。因为史弥远拥立有功，理宗特别信任他，所以朝政事无巨细，都由史弥远一手控制。这样一来，朝政更加黑暗。对于史弥远等人的行径，曾从龙极为痛恨，“绝不附之”，因而得到了朝野的一致敬重。史弥远的帮凶胡榘，仗着有史弥远撑腰，大肆敛财，为非作歹，曾从龙便上疏直陈其罪行。胡榘得知消息，马上联合同党进行反扑，弹劾曾从龙。嘉定十五年（1222）曾从龙罢相，贬知建宁府。

曾从龙在朝公忠体国，鞠躬尽瘁，在地方更是体恤民瘼，造福一方。宁宗开禧年间，曾从龙出知信州（今江西上饶）时，边境溃兵在信州境内烧杀劫掠，曾从龙命人封锁信州各个出入道口，将溃兵捕获，并从他们身上搜到抢劫来的财物，对这些侵害百姓的不法士卒，曾从龙将其“枭于市”，予以严厉惩治，一时全境肃然。他在任湖南安抚使期间，境内的一些少数民族因为不堪州县盘剥，纷纷揭竿而起。曾从龙到任后，节正费，却私例，宽以待民进行安抚，然后致力于文教，兴办学校，培养士子，并创设平粜仓，平抑物价，通过这些行之有效的措施，很快安定了湖南的社会秩序。曾从龙也因此得到了湘人的拥戴，湘人为之“勒石纪德”，称颂其德政。由于政绩卓著，宋理宗端平元年（1234），曾从龙被授资政殿大学士。

此时，宋军已和蒙古军联合灭掉了金国。按照双方之前达成的协议，灭金后由南宋收回河南的开封、洛阳等地，但是在金国灭亡后，蒙古却撕毁协议，改为陈（河南淮阳）、蔡（河南汝南）以北属蒙古，以南归宋。南宋前驱狼，后引虎，灭金之后的蒙古对南宋虎视眈眈，但南宋朝廷在史弥远的把持下，却对来自蒙古的威胁视若无睹，依旧花天酒地、醉生梦死。绍定六年（1233），史弥远死后，一些主张收复失地的官员在根本不了解宋、蒙军力对比的情况下，请求朝廷出兵收复开封、洛阳等地。许多官员也认为南宋准备不足，时机不成熟，纷纷上疏陈说利弊。曾从龙更是强烈主张先行固守，以待时机。他说宋军平时缺乏训练，如果轻易进兵，希图侥幸，很容易出现溃败，使局面更加难以收拾。但宋理宗未采纳他的建议。当宋军大败，收复失地的计划破灭后，宋理宗才后悔不听大臣们的意见，因而对曾从龙越发器重，加封他为枢密院兼参知政事。

南宋收复河南的计划失败，不仅损兵折将，耗费国帑，而且成了蒙古南侵的借口。端平二年冬，蒙古军队窥伺襄淮，警报迭至。宋理宗命曾从龙以枢密院使的身份总督江淮、荆襄的军马，受命于危难之际的曾从龙，面对蒙古的威胁忧心如焚。他建议说："蒙、宋边境线相当漫长，一旦有警，东西千里很难驰援，可以建立两个守备区，这样才能更好地指挥。"宋理宗很赞同他的看法，让他专门负责江淮地区，并让魏了翁负责荆襄防务。但是，这时宋王朝的税赋已经很难支持边境地区的军事支出，正当曾从龙积极备防的时候，朝中有些人又以财政困难、边用不足为由，鼓动理宗将他召回。曾从龙壮志难酬，忧郁致疾，于端平三年（1236）含恨而逝。

曾从龙秉心忠实，节操凛凛，为天下树立了榜样。真德秀对他充满敬仰之情，赞扬他说："推公之志，使一日尽其学于天下，必将息邪距诐，而杨、墨贼仁义、无君父之教不得骋也；必将尊王黜伯，而管、商、申、韩矜权智、鹜功利之说不得施也。儒者之功，必至于是，而后有以为天常人纪之重，非公孰任之！公以庆元抡魁，尝陪辅先帝大政，令名粹德，荐绅宗之。"

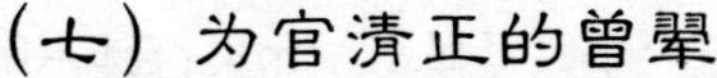

（七）为官清正的曾翚

曾翚，字时升，江西泰和人，明宣宗宣德八年（1433）登进士第。正统十三年（1448）迁刑部郎中，擢升广西右参政，后迁河南御史、山东布政使、刑部左侍郎，以资议大夫致仕。

曾翚为官清正，明察秋毫。他刚步入仕途的时候，曾代表朝廷给永兴王治丧，拒绝工部官员的贿赂和永兴王府的馈赠。升职为刑部员外郎后，时任刑部尚书的金濂对他非常器重，让他处理各地上报的奏牍。每当刑部有大案重狱，其他侍郎议决不定时，都交由曾翚处理。有一次秦王攻讦陕西巡抚陈镒狎妓，曾翚经过详细调查后，认为这是一起藩府诬陷大臣的案件，便上奏皇帝，使陈镒得还清白。他在任河南御史期间，发现好多士兵为了牟取自身利益，构陷百姓，曾翚查明情况后，将受冤屈的百姓释放了出来。当时，河南南阳出现了很多流民，地方官员想把这些流民驱逐出南阳。一时间人心惶惶。曾翚力排众议，认为如果这样做，将不利于社会安定，于是他和河南巡抚一起到南阳对流民进行了安抚，并制定措施以遏制土地兼并的蔓延，使河南地区平静了

下来。

天顺五年，曾翚升任山东布政使，他到任后发现许多皇亲贵戚霸占百姓土地强买强卖，如果百姓不同意把地卖给他们，便勾结污吏将土地指认为闲田，或加重课赋，使百姓不堪重负。曾翚把情况上报给朝廷，朝廷派户部官员查证，曾翚对查访官员说："按照祖制，百姓垦荒得来的土地，永不科税，可现在皇帝贵威却要强夺这些土地，这怎么能行呢？"户部官员在调查后，如实向明英宗汇报了情况，百姓才从那些皇亲贵戚手中拿回了自己的土地。成化初年，曾翚再次担任河南左布政使。当时河南大旱，他奏请皇帝开仓平粜，救济灾民，河南百姓这才度过了灾荒。

成化四年，曾翚拜刑部左侍郎。六年，奉诏巡抚浙江，考察官吏，访军民疾苦。他明察暗访，上奏罢免的不称职官员达百余人。曾翚操行谨严，所至之地，都有很好的政声。他致仕之后，家无余财，生计萧然。家乡的人都称赞他是一位贤德之人。

（八）曾鉴力倡节俭

明朝自洪武开基，整饬吏治，躬行节俭，勤于政事，经永乐、洪熙、宣德时期的励精图治，国家政治清明、社会安定、经济发展、文化繁荣，出现了中国历史上的一大盛世——永宣盛世。到了明正统之后，天下承平日久，朝政日渐颓废，国家大权，渐为宦官所把持，擅作威福。正统十四年（1449），明英宗受宦官王振蛊惑，不顾臣僚劝阻，亲征瓦剌，惨遭败绩。土木之变，几乎断送明室半壁江山，使明朝国力遭到严重削弱。成化、弘治年间，国家相对无事，人心趋于安定，而奢靡之风渐起。有识之士鉴于历代“危亡始于奢靡”的教训，大力提倡勤俭节约，反对铺张浪费，以净化政风。曾鉴，就是倡俭戒奢的突出代表。

曾鉴，字克明，自幼勤学不辍，稍长，与大学士李东阳同学国子监。景泰七年（1456），中举人；天顺八年（1464）举进士，授刑部主事。他为官清正，明察秋毫。在担任刑部主事的时候，通州地区发生一起案件，当地有十多人被指认为盗匪，经过地方官员审讯，这些人已经都认罪了。这一案件上报到刑部，曾鉴在审核时却发现了一些疑点，便将案件发回通州重审。没过多久，真正的盗贼果然被擒获。案情大白，无罪良民全部释放，大家佩服他的明察，曾鉴也因此受到褒奖。不久，改工部督造，专门负责供应皇室器物的事情，“综理甚精”。后又改吏部，主管人事，“奏拟精核，人无訾议”，颇有官声。

成化末年，曾鉴升为通政司右通政，专领武官诰籍。弘治五年（1492），擢工部右侍郎，督理易州山厂薪炭事宜，他悉心经理，在不耽误农事的前提下，把任务完成得很好。召还，转工部左侍郎，修仓庾、葺宫掖，事必躬亲。弘治十三年（1500），拜工部尚书。

无论是修葺宫廷禁门、社稷坛，还是修筑京城墙垣，凡是涉及公帑民力，曾鉴常常劝谏皇帝，要爱惜民力，注意节约。但明孝宗在位期间，海内乐业，内府供应物品日渐增多，皇室崇尚奢华，靡费也相应加大。有一次，司务监官员向皇帝报告说，宫中的龙毯、素毯已经陈旧，打算更换一百多件。曾鉴听说之后，明确表示反对，他慨然上疏："龙毯、素毯虽然只是一个小物件，但要制作这些东西，却要征用毛毳于山东、山西、陕西等地，采集绵纱于河南，征召工匠于苏州、松江等地。不仅耗费的东西多，浪费的人力也相当大，弊端不少，祈请陛下停止采办。"然而，明孝宗却置若罔闻。

不久，内府针工局请求招收幼年的工匠千人，学习针工。曾鉴再次劝谏说："以前尚衣监曾经招收工匠千人，于是引起兵仗局的仿效，招收了二千人。军器局、司设监也仿效，各增千余人。如果此次针工局的奏请被批准的话，弊端一开，内府各局都会群起仿效，内府人员增多，将会给国家的财政带来很大的负担。”这次，孝宗皇帝的态度有所改变，命针工局、尚衣监、军器局、司设监等将役用人员各减一半。

弘治十五年（1502）太监李兴向皇帝奏请元宵期间置办烟火，曾鉴又请求弘治帝以减省为原则，免去元宵期间的放烟火活动。次年，弘治皇帝接受大臣们的建议，打算召回派往全国各地织造局的宦官。但宦官邓瑢却对皇帝说，如果撤销了织造局，皇室用度将大为减少，还是不要裁撤得好，弘治帝就打消了裁撤织造局的念头。曾鉴等大臣却一再上疏皇帝，说明在各地设立织造局对国家财政的影响，终于使皇帝将全国的织造局减免了三分之一。同年冬，由于各省水旱频发，灾情严重，酷吏为害，盗贼蜂起，曾鉴奏请皇帝免去龙虎山上清宫及其他各种营造修缮用度，节省资金、救灾防变，以平息百姓的怨气。他的这些建议都被弘治帝所采纳。

明武宗正德元年（1506），南京报恩寺塔被雷击毁，守备中官傅容请求修复此塔。曾鉴劝谏武宗皇帝说，塔被震毁是上天对我们的警示，现在国力不足，不应该再大兴土木劳民伤财。一次，御马监宦官陈贵奏报皇帝，说马房陈旧不利于御马的喂养，请求迁移。钦天监官员倪谦奉命去考察后，也同意迁移马房。给事中陶谐却指责陈贵假公济私，钦天监倪谦阿附宦官。曾鉴看到这样一件小事，引起如此轩然

大波，上疏说马房的建造历来都是由钦天监负责，这次是因故迁址，不是毫无原因任意增设。以后再有任意增置者，必须拆毁改正，并罚相关官员自己出资，来承担建筑经费。此后，内府织染局奏请增设苏州、杭州织造府，上供锦绮两万四千余匹，也因为曾鉴的极力阻止，而使苏杭两府贡锦数量缩减了一半。

曾鉴仕宦五十余年，官居显位，但他从政勤慎，清正廉明，在孝宗朝阁部大臣中以办事公正著称。他温纯待人，不事矫饰，虽然长期在工部任职，管理制造、修建、采购工作，但从不依仗手中的权力牟取私利，他深知物力维艰，百物来之不易，所以时时处处都坚持勤俭节约的原则，体恤民情，反对奢侈浪费，所以受到国人的尊重。武宗正德二年（1507）闰四月八日，曾鉴病逝，终年74岁。朝廷赠太子太保，赐祭葬。

曾鉴病逝后，他一生的挚友、大学士李东阳为之作墓志铭，深情地说："卿有六署，公居其三。幼学壮行，老且益谙。工曹最繁，公所终始。世历累朝，岁几四纪。夙兴夜寐，心矢靡他。日累月积，岁计实多。"不仅概述了曾鉴一生的事迹，更对他体察民瘼、兴利除弊的业绩给予了极高的推崇。

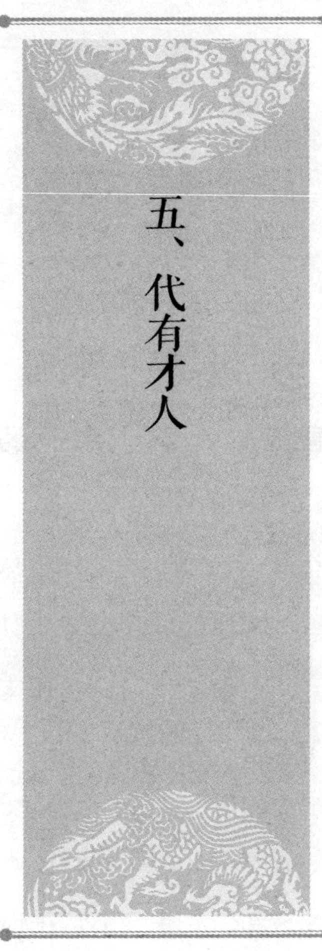

五、代有才人

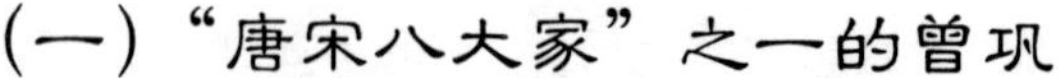

（一）“唐宋八大家”之一的曾巩

曾巩（1019—1083），字子固，北宋建昌南丰人，世称南丰先生。曾巩是北宋中期著名文学家，以道德文章名于世，为当时的古文革新运动作出了杰出的贡献，受到后人的推重，誉为“唐宋散文八大家”之一。

曾巩生于世代书香的官宦家庭，他的父亲曾易占，为密国公曾致尧第五子。曾易占（989—1047），字不疑，少聪敏好学，有文才，以文章闻名乡里，后以恩荫入仕，为抚州宜黄、临川县尉。宋真宗天圣二年（1024）登进士第，迁太子中允、太常丞、博士，知泰州如皋、信州玉山二县知县。

曾易占为人刚正不阿，从政期间政绩斐然。他在任如皋知县时，岁大饥，穷民无以自活，他多方设法，从外地购来粮食救济灾民，才使得老百姓渡过饥荒。次年，在庄稼刚要收割时，州府就要求按照往年的标准征收租赋，其他各县都催收租税，但曾易占却认为此法不妥，坚持不向贫民征收租税。结果，到了年底，泰州各县百姓的粮食吃完了，不得不背井离乡，外出乞讨，只有如皋一县没有发生这样的悲剧。他还在如皋县兴建孔子庙，劝谕民众入学。

尽管曾易占颇多政绩，但其仕途却一波三折。他在任玉山知县时，当地有个人叫钱仙芝，有求于曾易占，却没有达到目的，就向朝廷诬告他。尽管最后真相大白，曾易占却因此事被罢免，归家不仕者十二年。

曾易占虽然因受构陷而落职，但他却时刻关注国家大事，忧心百姓。宋仁宗宝元年间，李元昊反叛，契丹兵攻入宋朝边境。曾易占听到这个消息后，忧心如焚，马上上书朝廷，他说："天下之安危顾吾自治不耳！吾已自治，夷狄无可忧者；不自治，忧将在于近，而夷狄岂足道哉？"对朝廷妥协苟安的政策提出批评，主张治天下必先之以名教，"治道之本先定，其末亦从而举矣"。后又著《时议》十卷，所言皆天下古今存亡治乱的道理，至于其个人的冤屈困顿，则一言没有涉及。他这种不以一身之穷而遗天下之忧的精神，深得王安石的赞赏，王安石在《太常博士曾公墓志铭》中说："《时议》者，惩已事，忧来者。……其志不见于事则欲发之于文，其文不施于世则欲以传于后。后世有行吾言者，而吾岂穷也哉!”对于曾易占遭诬失官未能大展治世才华，王安石也遗憾地说他“试于事者小而不尽其材”。宋仁宗庆历七年（1047），曾易占因病去世，后追封鲁国公。

曾易占事亲孝，王安石赞扬他“心意几微，辄逆得之”。曾易占古道热肠，宅心仁厚。有一次，他遇到士大夫之家因家贫无以为葬，就代为举行殡葬之礼，并抚养其遗孤。另一次是当时宰相的舅舅死去三十年，但灵柩还殡而未葬，殡坏，曾易占为之增修，然后又亲自给宰相修书一封，劝说其将舅舅妥为安葬。我们从中不难看出曾易占的仁者之心。

曾易占也极为重视对子女的教育，他担任如皋县令时，带曾巩随任就读，教育儿子转益多师，广涉世事，增长见识。在父亲的教育下，曾巩自幼养成了勤学苦读的好习惯。儿童时代的曾巩才思敏捷，记忆力超群，“读书数万言，脱口辄诵”。12 岁的时候，便试着写《六论》一文，一气呵成，文辞优美。十七八岁时，曾巩已经名闻四方。当时的龙图阁直学士欧阳修看到他的文章后，大为赞赏，认为是天下奇才。王安石曾预言他“后日犹为班与扬”，把他比作西汉的文学家班固和儒家大师扬雄。

曾巩生于书香世家，自然毫无例外地走向科举求仕的道路。但是，曾巩虽然少有文名，但并没有得到命运之神的垂青。在科举的道路上，他也备受挫折，直到嘉祐二年（1057）39岁时才考取进士，被任命为太平州司法参军，正式踏上仕途。后历官馆阁校勘、集贤院校理、英宗实录检讨官。

不久，曾巩外任越州（今浙江绍兴）通判。他到达越州后不久，就发现越州的酒场每年都要向衙门交缴一定数量的税赋，以供给衙门的开销。钱不够，就向各乡各户的百姓摊派，但是预定的七年之期期满后，衙门仍然照旧征收。曾巩查明情况后，立刻停止了这种做法。有一年，越州粮食歉收，饥荒严重，曾巩考虑如果用往年的办法来平抑粮价、购买粮食，恐怕很难让越州百姓渡过灾荒，同时越州此次受灾面积较大，城外的百姓又不可能全部涌进城中就食。于是，他向属下各县谕示：越州各地富有的大户家中有大量的存粮，让各县从这些富户手中购买粮食，就地发放，使百姓不至流离失所。通过这一办法共得粮食十五万石。于是曾巩又以稍高于平常粮价的价格出售给百姓，使越州百姓在灾荒之年能够从官府中买到粮食，不出村落，却户有盈余。灾荒过去后，曾巩上奏朝廷向百姓出贷种粮，并向百姓约定在征收秋赋时一并偿还，使越州顺利地渡过了灾年。由于他治理越州有功，不久迁知齐州（今山东济南）。

宋代的齐州，民风彪悍，“野有群行之盗，里多武断之

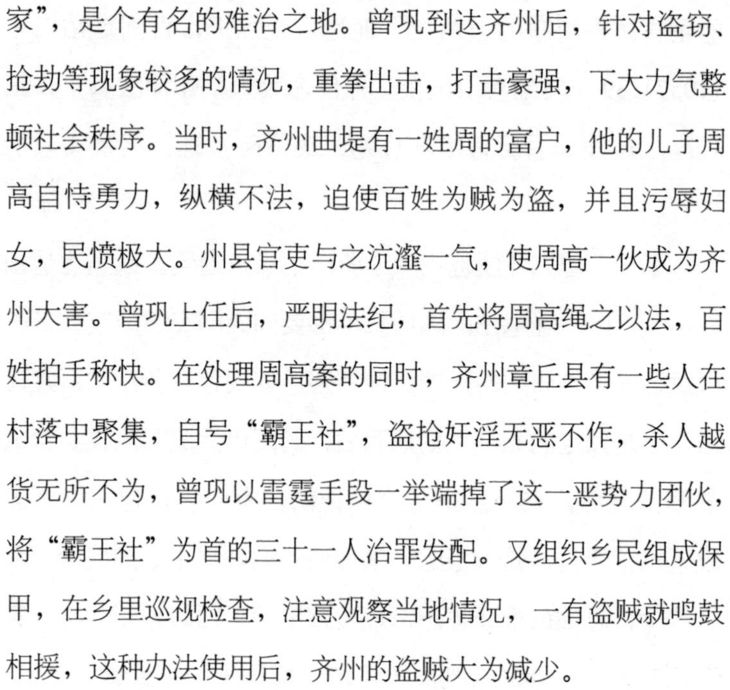

家”，是个有名的难治之地。曾巩到达齐州后，针对盗窃、抢劫等现象较多的情况，重拳出击，打击豪强，下大力气整顿社会秩序。当时，齐州曲堤有一姓周的富户，他的儿子周高自恃勇力，纵横不法，迫使百姓为贼为盗，并且污辱妇女，民愤极大。州县官吏与之沆瀣一气，使周高一伙成为齐州大害。曾巩上任后，严明法纪，首先将周高绳之以法，百姓拍手称快。在处理周高案的同时，齐州章丘县有一些人在村落中聚集，自号“霸王社”，盗抢奸淫无恶不作，杀人越货无所不为，曾巩以雷霆手段一举端掉了这一恶势力团伙，将“霸王社”为首的三十一人治罪发配。又组织乡民组成保甲，在乡里巡视检查，注意观察当地情况，一有盗贼就鸣鼓相援，这种办法使用后，齐州的盗贼大为减少。

对于社会秩序的整顿，曾巩不是一味地使用强硬的办法。有时他也用一些感化的方法，让一些人自愿改恶从善。当时齐州有一个相当有名气的盗贼葛友。衙门里案卷上常出现他的名字。由于曾巩在齐州大力打击恶势力，齐州民风日见好转。一天，葛友迫于压力来齐州自首。他原以为一定会受到惩处，没想到，曾巩却命人给他准备了精美的饮食、华丽的衣服，让他骑着马，带着赏赐的物品回家，同时在齐州境内大力宣扬、表彰葛友这种浪子回头、弃过从善的行为。这件事对齐州的盗匪震动很大，葛友一伙及其他的盗贼在曾巩的感化下，纷纷放弃了原来的做法，齐州出现了少见的兴旺安定的局面。就这样，齐州的社会秩序在曾巩的精心治理下，出现了外户不闭、安定和谐的景象。

曾巩在齐州任内，有一次皇帝下令：黄河以北征调民夫治理黄河，调齐州民夫两万参与治河。如果按照原来的征调办法，每县按户籍三丁抽一，则会耽误当年的农时。为了不误农时，曾巩命下属统一清查了齐州的民夫人数，将隐漏的人员查出，采用“九丁抽一”的办法征调民工两万参与治河。就这样，既没有误农时，同时又由于所征调民夫皆为壮劳力，且不用担心家中之事，治河时干劲很足，仅此一项便为国家节省费用数万缗。在治理黄河的同时，他将齐州境内征收过桥、过路费的制度取消，治河后让民夫在齐州境内的河流上建造桥梁，调拨人员整理驿站、宾舍以方便各地军民往来。于是自长清到博州，再到魏（河南开封、郑州一带），道路通畅，为百姓的生产、生活、经营创造了便利的环境。

他在襄州、洪州任职时，当地突然爆发瘟疫。曾巩命各县、镇、亭、驿都准备好药材，放置在通衢明显处，等待百姓取用。军民如果因受疫情危害不能自给的，则安排到官舍中居住，让医生分别给予治疗，同时他将受灾最严重地区的情况上报朝廷，给予救助，使襄、洪二州平稳渡过疫灾。宋神宗熙宁九年（1074），宋军远征安南，许多州郡在军队路过时戒备森严，不许百姓上街，更有的州郡借此暴征横敛，民不堪命。曾巩却事先组织百姓参加各种集市、活动，军队过去后，州郡中的许多人还不知道。曾巩这种不扰民、不畏权、不畏上的从政风格，让宋神宗皇帝大为赞赏，不久加封曾巩为龙图阁直学士，知福州。

福州地处东南，在北宋时代是一个相当不好治理的地方。当地有一股强匪聚合勾连，为害百姓。曾巩用怀柔的办法将他们罗致起来，自愿归降的有二百多人，福州秩序才渐渐好转。福州多佛寺，佛寺多财富，僧人们垂涎于此，为了争当佛寺的主持，贿请公行。曾巩鄙薄这种做法，他没有按原来的办法行事，而是在考察僧人们的品行后，对僧人们作出评判，并依据评判的结果，按照籍贯、德行等方面的条件依次增补。严令具体办事的衙门、官吏，让他们谢绝私请，不得收受贿赂，以杜绝贪腐风气的蔓延。同时，曾巩到达福州后发现，福州官府无职田，官吏们除每年由国家供给的俸禄外，还从菜园、商铺、酒肆中抽取费用，每年达三四十万。曾巩对福州的官吏说：“太守和百姓争利，这样的事可行吗？”于是将这一陋习革除。

曾巩久负才名，却长期在外郡任职，世人大多为他鸣不平，但曾巩却淡泊如故。宋神宗元丰四年（1081），神宗以其精于史学，将他调入国史馆，任史馆修撰，编纂五朝史

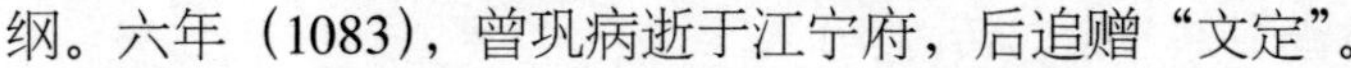

纲。六年（1083），曾巩病逝于江宁府，后追赠“文定”。

曾巩一生从未在朝廷中枢担任要职，这不仅有性格方面的原因，也与其改革主张有很大的关系。曾巩主张改革弊政，但他认为改革应当循序渐进。这和当时改革派王安石的意见不完全一致。曾巩年轻时与王安石交好，当王安石声誉未振之时，他还主动将王安石引荐给欧阳修，但是等到王安石为相，执掌权柄大力推行新法的时候，由于政见的不同，曾巩又疏远了他。有一次，宋神宗问曾巩：“王安石这个人如何？”曾巩说：“他在文学和做人方面和汉代的扬雄不相上下，只时有些吝啬，所以又不及扬雄。”宋神宗不解地问：“王安石为人豪爽，对富贵看得很轻，你怎么说他吝啬呢？”曾巩说：“我所说的吝啬，是说他勇于任事，但是却吝于改正自己的过错。”

曾巩生性至孝，父亲曾易占被人构陷去职，发配广南后，他居家侍奉继母就像对待自己生母一样。由于他年长而弟妹较多，在他青年时期，同时抚养他的四个弟弟、九个妹妹于幼弱之中，弟妹们的求学、入仕、婚嫁都是曾巩一手操办的。他的弟弟曾肇、曾布都从学于他，深受他的教诲和影响。后来曾布拜相，曾肇为龙图阁学士，卓有政声。尤其是曾布任尚书右仆射时，其弟曾肇为中书舍人起草诏书，宋朝翰林学士“弟草兄制”，只有韩绛、韩维与曾布、曾肇兄弟，士林皆引以为荣，传为美谈。

曾巩以文章名天下，在政治上坎坷失意的同时，文学却给了他一块驰骋才华的天地。他的文章上下驰骋，涉猎广泛，愈写愈严谨、精妙，中书舍人王震曾称赞他的文章瑰丽雄奇，“若三军之朝气，猛兽之抉怒，江湖之波涛，烟云之姿状”。曾巩顺应时代的要求，积极参与和领导北宋诗文革新运动，继承、发扬“文以载道”的传统，提倡“明圣人之心于百世之上，明圣人之心于百世之下”，强调只有“蓄道德而能文章者”，才能写明道之文，发难显之情。他主张用儒家之道“扶衰救缺”，其文章多论古今治乱得失，因事而发，内容充实，绝少空谈。

曾巩的散文以古雅、平正、冲和见称，纡徐而不烦，简奥而不晦，叙事议论委曲周详，节奏舒缓平和，具有独特的风格。《唐论》、《墨池记》、《宜黄县学记》等就是其中的代表作。曾巩还擅长写诗，保存下来的作品就有四百多首。曾巩一生多在州县任职，他的诗歌表现现实问题较多。如《追租》描绘了在“赤日万里灼”、“禾黍死硗确”的灾荒年景下，官府仍旧不顾百姓死活催逼租税，以致百姓有苦无处诉，“卒受鞭捶却”的惨状，发出了“暴吏礼宜除，浮费义可削”的呼声，表达了对贫苦农民的同情和对贪官暴吏的鞭挞。

曾巩《元丰类稿》书影

曾巩力学深思，治学严谨，其文章对后世影响很大。南宋朱熹“爱其词严而理正，居常诵习”，十分感慨地说：“予读曾氏书，未尝不掩卷废书而叹……盖公之文高矣，自孟、韩以来，作者之盛，未有至于斯。其所以重于世者，岂苟云哉!”明清散文家王慎中、归有光、方苞、姚鼐等都把他的文章奉为楷模。

在整理和保存古籍方面，曾巩做了许多有益的工作。他苦心孤诣地校勘《陈书》、《说苑》、《战国策》、《列女传》、《李太白集》，其中《战国策》和《说苑》二书，曾巩多方访求采录，才免于散佚。曾巩好藏书，珍藏古籍达两万余册，收集篆刻五百卷，名为《金石录》。曾巩一生著述宏富，有《元丰类稿》五十卷、《续元丰类稿》四十卷、《外集》十卷行世。宋南渡后，《续稿》和《外集》散佚不传，流传至今的，只有《元丰类稿》五十卷和《隆平集》三十卷。

（二）曾安止奋笔著《禾谱》

江南风俗，以农为生。赣江中游的吉泰盆地，是江西重要的粮食生产基地。这里气候温和，雨量充足，土地肥沃，适宜种植水稻。吉安、泰和之民，唯稼穑之为务，祖祖辈辈在这片土地上辛勤劳作。同时，悠久的水稻种植历史和繁多的水稻品种，为农业科学提供了丰富的研究对象，从而造就了庐陵地区一批农业专家。其中成就突出、影响较大的，是泰和曾氏一门的曾安止、曾之谨。

曾安止，字移忠，北宋江西泰和文溪人。文溪，是泰和县城西门外滨临赣江的一个古老村庄。这里的百姓深受南来北往人士的影响，喜读诗书，重视教化。曾安止的父亲曾肃，是嘉祐年间的进士。曾肃非常孝顺，父亲去世之后，他守墓数年，有慈乌来巢，人们都认为这是由于他的孝行感动上天所致，一时传为美谈。

曾肃与四个儿子都及进士第，以善行称于乡，故后人称为“文溪曾氏五君子”。曾肃的大儿子曾安辞，字长吉，大观三年（1109）进士，“辟室以居，绘古逸士十人于壁，而徜徉其间，号十一居士。”三儿子曾安中，字舜和，元符二年（1099），年仅十七八岁的时候，就考中进士。他关心国家大事，常上书议论时政，被蔡京编入党籍，贬官，仕止清川丞。小儿子曾安强，字南夫，元符三年（1100）进士。他在担任成都路常平仓提举的时候，哀悯百姓，曾将暴露野外的荒骨三十余具归葬入土。曾安强被时人称为博学之士，据周必大《曾南夫提举文集序》记载，曾安强自幼读书，遍抄经史传记，即使酷暑盛夏、数九寒天，也从未懈怠。著六经、《语》、《孟》、《老子》通论数千言，凡圣贤蕴奥，古今成败，无不穷究探研，下至星辰、历数，皆有涉猎。当时许多人都说曾安强学识精博，不可企及。

在曾肃的四个儿子中，二儿子曾安止较为特立独行。他从小就热爱劳动，用功读书，为人外和内刚，操行修洁。宋神宗熙宁五年(1072)，曾安止中进士乙科，他以不是高第出身为耻，便“励己修业，夜以继日”，拼命苦读。三年之后，终于如愿考取进士甲科。曾安止进士及第后，初授洪州丰城县主簿，后迁江州彭泽令，他为官清正勤谨，莅事端敏，劝农耕桑，导民以孝，因而深受百姓爱戴。由于他政绩卓著，迁授宣德郎。但他不愿做官，便效法陶渊明挂冠归隐。辞官之前，他在衙署内题写了这样一首诗：“拂袖而去不为官，宦海几见心向田。问谁摘斗摩宵外，中有屠龙学前贤。”

曾安止辞官归里之后，自号“屠龙君”，躬耕田野，关心农事，尝言“农者，政之所先”，人人都要穿衣吃饭，离开农业怎么行？当时有的士大夫“尝集牡、荔枝与茶之品，为经及谱，以夸于市肆”，而水稻品类亦繁多，却没有搜集研究的人，实在可惜。所以曾安止跋山涉水，深入调查，倾其毕生精力，终于写成我国第一部水稻品种专著——《禾谱》。

《禾谱》共分五卷，内容包括稻名篇、稻品篇、种植篇、耘稻篇、粪壤篇、祈报篇等内容，详细记载了北宋时期吉泰地区五十多个水稻品种的名称、特征、来源以及播种、插秧、收割的时间和栽培技术、管理方法。太学博士程祁在《禾谱题序》中称赞曾安止“创一说，纪一物，必委曲详到而后止”，兼收博引，无不具有。《禾谱》是继北魏贾思勰《齐民要术》之后的又一部古代农业科技著作，总结了宋代吉州、泰和地区的水稻生产状况，具有重要价值。

绍圣元年（1094），苏轼贬官惠州（今广东惠阳），南迁时途径庐陵泰和，曾安止便将所著《禾谱》献上，苏轼见其作“文既温雅，事亦详实”，赞叹不已，但又“惜其有所缺，不谱农器”，便赠《秧马歌》一首附《禾谱》之末，以补其缺失，歌曰：

春云濛濛雨凄凄，春秧欲老翠剡齐。
嗟我妇子行水泥，朝分一垅暮千畦。
腰如箜篌首啄鸡，筋烦骨殆声酸嘶。
我有桐马手自提，头尻轩昂腹胁低。
背如覆瓦去角圭，以我两足为四蹄。
耸踊滑汰如凫鹭，纤纤束藁亦可赍。
何用繁缨与月题，却从畦东走畦西。
山城欲闭闻鼓鼙，忽作的卢跃檀谿。
归来挂壁从高栖，了无刍秣饥不啼。

少壮骑汝逮老鬣，何曾蹶轶防颠隮。
锦鞯公子朝金闺，笑我一生蹋牛犁，
不知自有木駃騠。

秧马，是江南插秧的一种辅助农具，百姓称之为“秧马凳”或“秧凳”。自从苏轼作《秧马歌》之后，秧马就作为一种先进的农具广为人知，而苏轼在岭南每到一处都大力推广秧马，使它在湖北、江西、江苏、广东、浙江等地广泛使用。同时，经过苏轼的揄扬，曾安止的《禾谱》一书也很快流传开来，对我国南方地区的水稻生产起到了积极的促进作用。但此时的曾安止由于双眼失明，已无力完成“谱农器”的任务，他怀着深深的遗憾离开了人世。

一百余年后，曾安止的从侄孙耒阳令曾之谨承其遗志，续著《农器谱》，终于完成了曾安止的遗愿。书中记录了耒耜、耨镈、车戽、蓑笠、铚刈、篠蒉、杵臼、斗斛、釜甑、仓庾等十类农器，并附以杂记，勒成三卷，其内容“皆考之经传，参合今制”，极为详备。《农器谱》作为《禾谱》的姐妹篇，自成书之日起，就受到社会的极大关注，当时的大学者、丞相周必大亲自为之作序，深表赞赏。诗人陆游对曾安止祖孙所著二书也颇为推重，有诗赞道：“欧阳公谱西都花，蔡公亦记北苑茶。农功最大置不录，如弃六经崇百家。曾侯奋笔谱多稼，儋州读罢深咨嗟。一篇《秧马》传海内，农器名数方萌芽。令君继之笔何健，古今一一辨等差。我今八十归抱耒，两编入手喜莫涯。神农之学未可废，坐使末俗惭浮华”。

从《禾谱》到《农器谱》，反映了曾安止祖孙二人重视农业、发展生产的不懈追求，其矢志不渝的精神受到后人的极大推崇，黄履在《宋进士宣德郎移忠公墓志铭》中称赞曾安止“可谓有志之士，而勇于见义者也!”

(三)“济世之学者”曾鲁

儒家提倡以天下为己任，以治事、救世为急务，这种强烈的经世传统，对中国传统社会的知识分子，产生了重大影响。在明初政坛上，就活跃着这样一位关心时政、勇于任事、注重实效的济世之学者，他就是曾鲁。

曾鲁(1317—1372)，字得之，江西新淦人，曾子五十七代孙。他7岁的时候就能背诵五经，一个字都不差，许多人都把他看成“神童”。年龄稍长，博通经史，数千年来的国体治乱、人才忠佞、制度沿革，没有他不知道的。所以，曾鲁依凭文章才学闻名于当时。但曾鲁并不以此为满足，他收藏的历代子集诸书，足有数百家之多，“各揽其精而掇其华”。当他听说哪里有不常见的书籍，“不惮道里之远，必购得之；既得，必篝灯读之，达旦不寐”。他写的文章，庞蔚炳朗，毅然有不可夺之气，庐陵刘岳申与他交谈竟日，感叹说：“想不到后生之中竟有这样博学的人，日后必将以文鸣于世！”此后，曾鲁更潜心钻研濂洛关闽之学，充然有得，盘桓林泉，以道自娱。曾鲁读书之室名“守约斋”，世人遂称其为守约先生。元末，天下大乱，曾鲁组织青壮年保卫家乡，他多次准备好酒肉，给乡里人讲述顺逆的道理。大家都遵守他的约束，没有敢为非作歹的，人们都把他的家乡称为“君子乡”。

明洪武二年（1369），太祖下诏修《元史》，因曾鲁博学多识，特遣使召曾鲁为总裁官。《元史》修成后，明太祖论功行赏，赐金银玉帛，以曾鲁居首功，赏赐最为优厚。曾鲁原本打算修完《元史》就辞职回乡，从事于著述，但因天下初定，礼法制度还不完备，朝廷准备编写礼书，当时众人都认为熟悉古今礼制的老成之士，没有超过曾鲁的，所以坚持把他留了下来。当时议礼者蜂拥而起，聚讼纷纭，谁也说服不了谁，在群言沸腾之中，意见难定之时，曾鲁自信地对众人说“某礼根据某说是对的，依从某说就不对。”假如有人辩论反驳，他总是能够引经据典，与对方讲明。于是，明太祖让他做礼部主事，主管礼法的修订。礼书修成，太祖赐名《大明集礼》。

曾鲁心思细密，理政严谨。洪武二年，明朝开国元勋常遇春暴病身亡，高丽派遣使臣来吊唁。曾鲁要求先看一下祭文，但是高丽使者不想拿出来。在曾鲁坚持下，高丽使者不得已，才将祭文交给曾鲁。曾鲁一看，就发现高丽文书用金龙黄帕包裹，而且文书没有署明洪武年号，马上义正词严地对使者说："龙帕可能属于误用，但高丽对大明纳贡称藩而不奉正朔，君臣之义在哪里呢？"高丽使者顿首谢过，马上命令将不合适的地方改过来。

洪武四年（1371），安南（今越南）权臣陈叔明篡位自立，害怕被明王朝讨伐，便派遣使臣借入贡之机来观察朝廷的意图。当时，负责接待贡使的礼部官员已经接受了安南使者的贡表。在朝见之前，曾鲁索取安南贡表副本再次阅看，发现贡表中安南的国王是陈叔明，就诘问安南使臣说："我记得安南王是陈日熞，现在安南没有正式变更国王的公文，为何将陈日熞改为陈叔明？"安南使臣不敢隐瞒，将情况如实禀告。曾鲁马上向明太祖汇报，明太祖叹道："没有想到安南如此狡狯！"于是，退回了安南的贡品，打发使者回国去了。这两件事过后，明太祖更加器重曾鲁。

洪武五年二月，太祖偶尔问丞相："曾鲁现在是什么官?”丞相回答说:“只不过是个礼部主事。”明太祖听了大为吃惊，一天之内把曾鲁的品级提升了六级，拜中顺大夫、礼部侍郎。因为曾鲁的父亲名曾顺，而“中顺大夫”的“顺”字犯了父亲的名讳，就上疏朝廷请求降一个品级。吏部坚持典章制度，没有同意他的请求。

春夏间，明军在沿海捕获了一名倭寇，明太祖下令朝臣起草诏书，准备让俘虏把诏书带回去，以对倭寇提出警告。当太祖看到曾鲁草拟的诏书中有“中国一视同仁”的话，大为欣喜，高兴地对朝臣说:“礼部尚书陶凯起草的诏书已经让朕相当满意，没想到曾鲁的文章比陶凯的文章还要好，可见天下文运昌盛啊”。不久，就命曾鲁主管京畿乡试。进入考院之后，曾鲁忽吐血一升，但他仍然坚持阅卷。是年，甘露降钟山，群臣用诗赋敬献给皇帝，当读一篇诗作时，太祖感叹道:“这一篇是曾鲁写的吧！援据既精，铺叙有法，不是新进之士可以比拟的。”

同年的十二月，曾鲁称病告归。舟至南昌，曾鲁对次子曾圭说:“吾命止明日，不能至家矣！我以一介韦布之士，受国宠恩，位跻法从，又得守正而毙，死了也不遗憾！唯一感到遗憾的，是没有看到两个孙儿长大成人啊。”随即让儿子准备笔墨纸砚，写下遗书，教导子孙读书明理，好好做人，为国家效力。

曾鲁为人平和，与人相交，温如春风，不见忿戾之色，四方宾客登门，他倒屣相迎，毫无倦容。曾鲁居家，事亲克孝，在父亲去世的时候，他哀痛不已，以致身体染疾，过了一年多身体才恢复过来。不久，他的两个兄长以及侄子相继去世，曾鲁擦着眼泪，强忍悲痛，料理丧事，三年间，葬十余丧。对于他们未成年的孩子，曾鲁尽心抚育，唯恐失其所。曾鲁轻财仗义，常常周济贫弱。出仕为政，清白一心，知无不为，凡朝廷典礼涉于制度者，必经他损益然后才最终确定，故宋濂称赞他为“济世之学者”。而淳安徐尊生则将他与宋濂并称，称颂说：“南京有博学之士二人，以笔为舌的是宋景濂，以舌为笔的是曾得之。”

（四）文才魁天下的“酒状元”

“万般皆下品，唯有读书高”，这是中国古代读书人尊奉的信条。而大魁天下，状元及第，更是科举时代读书人梦寐以求的最高目标，所谓“应举不作状元，仕宦不作宰相，乃虚生也”。状元，作为科举人物的代表，在科举时代具有无尚的荣耀。明清时代，全国每三年才产生一名状元，而且要经过乡试、会试、殿试等大小几十场考试，战胜成百上千的对手，中状元的难度超乎今人的想象。但是千百年来，莘莘学子怀着“朝为田舍郎，暮登天子堂”的理想，寒窗苦读，锲而不舍。有明一代二百七十余年间近九十位状元中，曾氏子弟就有三人，其中一位就是贯通经史、文才冠天下的曾棨。

曾棨（1372—1432），字子棨，一作子启，号西墅，江西永丰人。永丰是名士辈出之地，这里也是宋代大文学家欧阳修的故乡。曾氏作为永丰一带的名门望族，曾棨高祖曾晞颜是宋代名臣，官至兵部侍郎、江西湖广安抚使；曾祖父曾选申在元代任翰林编修知制诰，伯祖曾德裕官翰林直学士，皆有盛名于时；祖父曾如瑶、父亲曾叔本也都入仕为官，可谓官宦世家，学有渊源。曾棨自幼就受到良好家风的熏陶，颖敏端庄，言笑不苟，秉承家学，博闻强记。5 岁就能诵经书，此后更是勤学不辍，20 岁充邑庠生，深得教谕戴正心的器重，誉为“人中之龙”。曾棨的文章诗词都很出色，人称“江西才子”。

明永乐二年（1404），32 岁的曾棨以一篇洋洋洒洒万余言的殿试对策，一举夺魁而获得状元之殊荣，登上了科举金字塔的顶峰。当时永乐皇帝以天文、地理、礼乐制度方面的经文为问，题目虽然较难，但由于曾棨自幼饱读诗书，才思敏捷，所以他犹如成竹在胸，下笔万言，一气呵成。对策中涉及阴阳、历法、星象、山川、河流、礼乐等诸多内容，对《洪范》、《禹贡》、《河图》、《洛书》娓娓道来，论说《易》、《书》、《礼》、《乐》如数家珍。明成祖惊异于他的才华，御批其廷试对策曰："贯通经史，识达天人，有讲习之学，有忠爱之诚，擢魁天下，昭我文明，尚资启沃，惟良显哉!"褒美之辞，溢于言表。所以，钦取第一甲第一名，赐冠带、朝服，授翰林院修撰、承务郎。曾棨状元及第后，并没有被"春风得意马蹄疾"的喜悦冲昏头脑，他在《廷试罢作》诗中说："云霄九万扶摇近，礼乐三千制作新。浅薄未能宣圣德，愿歌棫朴播皇仁。"将自已效法先贤、致君尧舜的志愿表达得淋漓尽致。

这时，朝廷正准备修《永乐大典》，永乐帝命大学士解缙从进士中挑选优秀者 28 人为庶吉士，进文渊阁参与编撰，曾棨被列为第一人。当时，有个叫陈济的布衣，才华横溢，被推荐为都总裁。陈济奉命人朝之后，照例进行考试。永乐帝说："堂堂翰林院，就找不到一个像陈济这样的人才吗?"众官都说，曾棨绝不会比他差。于是，永乐帝以《天马海青歌》为题，命曾棨与陈济一同考试。结果，曾棨援笔成文，如行云流水，率先写成。陈济写得也快，但还是迟了半拍。而且与文理畅达，词气豪宕的曾棨之文相比，文辞也较为逊色。永乐帝阅后大喜，当即赏赐曾棨一条玛瑙带和一匹名马，并命其为副总裁，授儒林郎。曾棨原来就有文名，此后更是名声大噪。《永乐大典》修成后，曾棨升侍讲，授承直郎。

能征善战的朱棣，很喜欢读书学习，他常把古籍经典中读到的偏僻隐语，摘记在册，召曾棨面询出处，以验其所学，而曾棨皆能对答如流。所以深受永乐帝的器重，被视为有真才实学的楷模。

朱棣屡试曾棨的奇才以为乐，兴起之时，总要难一难他。有一次，永乐帝出一上联："红袖手提鹦鹉盏，来迎状元"，限他三步就要对出下联。当曾棨迈出第三步时，下联就已脱口而出："白衣身到凤凰池，进朝天子"。又一次，正值元宵佳节，皇帝率群臣观灯，永乐帝看到华灯灿烂，人潮如涌，感慨天下太平，万民同庆，喜不自胜，即兴口吟一上联："灯明，月明，大明一统，"令群臣对下联。当群臣还在苦心焦思的时候，就听到曾棨大声吟对："君乐，民乐，永乐万年。"

还有一次，永乐帝出题《梅花》，令他作诗一百首。曾棨文学渊博，诗词歌赋无不精通，序、传、赞、记得心应手，作诗更是他的强项，如何难得倒他！当下凝神构思，从不同场景、不同季节的梅花如纸帐梅、玉笛梅、画红梅、水墨梅、全开梅、半开梅、乍开梅、未开梅、二月梅、十月梅写起，又写梅花的姿态、品种，如矮梅、瘦梅、盆梅、粉梅、青梅、黄梅等，再写对梅花寄予的情怀，如问梅、评梅、别梅等，手不停笔，百首七律梅花诗一挥而就，构思精巧，诗意隽永，一如梅花斗雪怒放。难能可贵的是，整整八百句，没有一句重复，诗意全在梅花，仅在第四十首出现一个“梅”字。曾棨“一梅咏百诗”，使得满朝文武赞叹不已。永乐帝将曾棨的诗作一一读去，拍案称绝，说道：“难得天下有如此奇才，真是我朝之大幸！”永乐七年、十一年，成祖巡幸北京，特召曾棨扈从，侍燕之余，应制赋诗，多蒙褒赞。

曾棨为人温雅英迈，文学充赡，朝野上下，一致赞扬。他赋诗作文，兴之所至，奋笔疾书，一气呵成。杨士奇曾称赞他的文章“如源泉浑厚，沛然奔走，一泻千里；又如园林得春，群芳奋发，组绣烂然。”自解缙、胡广之后，朝廷的重要文稿多出其手。永乐帝每与群臣论文学，总要问：“得如曾棨否？”足见对曾棨的倚重。

曾棨历仕三朝，仁宗洪熙元年（1425），擢升为左春坊大学士，兼翰林院侍读学士。宣宗宣德元年（1426），奉召修《太宗实录》、《仁宗实录》。两朝《实录》修成，赐金织袭衣、银币等，晋职为詹事府少詹事，日值文渊阁。岁时节日，都会得到御酒珍馔、白金钞币的赏赐。曾棨才气志行，卓荦不群，屡典文衡，多次担任乡试、会试考官及殿试读卷官，去取公平，平素尤喜奖掖后进，“士穷流落不偶者，多赖以济”，一时名士，多出其门。明代状元三主会试者，仅有两人，而曾棨居其一，蔚为有明一代儒林盛事。曾棨事亲尽孝，交际有始终之义，宗族姻亲倘有急难，无论识与不识，他总是急人之所急、尽力相助。

曾棨相貌堂堂，身材魁伟，酒量惊人，且工于书法，饮酒后所书之草书更是豪迈雄放，有晋人之风格，独步天下。有求诗文者，无论贵贱，都不拒绝，而得到曾棨诗文的人都视若珍宝。说起曾棨的酒量，还有一段有趣的故事：

相传有一年交趾贡使入京，按惯例朝廷要设宴款待，但这两个贡使酒量绝人，要与大明朝臣比酒。永乐帝就让官员善饮者作陪，但一来二去，只有一个下级武士敢于应战。永乐帝大怒，说：“堂堂天朝，难道就没有一个善饮的大臣，如今让一个武士作陪，成何体统？”曾棨听说之后，自请前往。帝问曰：“你的酒量有多大？”曾棨豪言说：“款此二使足矣，不必尽臣量。”于是，与二贡使饮彻夜，二使皆醉，抱愧而去。次日上朝，皇帝看到曾棨若无其事，大喜，高兴地对曾棨说“不论你的文章才学，光凭这酒量，难道不也可以做我大明状元吗！”故时人又称曾棨为“酒状元”。

宣德七年，曾棨61岁，身患重病，自知不久于人世，便叫家人摆上酒菜，痛饮至醉，题诗曰：“宫詹非小，六十非天，我以为多，人以为少。易箦盖棺，此外何求？白云青山，乐哉斯丘！”然后撒手归天。听到曾棨去世的消息，宣德皇帝十分震惊，悼叹不已，命礼部赐祭，赠嘉议大夫、礼部左侍郎，谥襄敏，并命工部治坟茔，兵部给舟归其丧，极尽哀荣。曾棨去世后，大学士杨荣为之作墓志铭，称赞他“玉质金声，为国令器。居官翰苑，克慎克勤。文行之懿，远近著闻。历事三朝，竭心赞翌。”另一个大学士杨士奇为他作碑文，赞扬他“宏章大什耀海内”，“儒林翘翘拔其萃”，同时慨叹人才之难得，“惟仁故存未弘施，没奚憾兮此赍志”，对他壮年早逝深感痛惜。

（五）“提笔天街卖画图”的曾衍东

曾衍东，字青瞻，号七如，又号七如居士、七道士，山东嘉祥人。清嘉庆间任湖北巴东知县时获罪遣戍温州，以卖字鬻画为生，行事怪诞，是当时温州妇孺皆知的一个人物。

曾衍东生于圣裔之家，其高祖是世袭翰林院五经博士曾弘毅，但曾祖以下并无高官显宦。曾衍东年幼时，随父从宦四方，后来父母客死关外，他孑然万里，扶梓归葬。曾衍东仕途坎坷，多次乡试落榜，直到乾隆五十七年（1792）才考中举人，这时他已经41岁了。此后，他屡赴京师会试，都没能考中进士。“几回打落孙山外，提笔天街卖画图”，道不尽他落第后的酸辛！

嘉庆元年，曾衍东曾为乡邑推荐为孝廉方正，他坚决请辞，在呈给县令的《辞举孝廉方正片》中，曾衍东说道：“余父母官于粤，升斗足以养廉，余年二十，未尝一日之养，一切衣食娶妻，反累父母。及父母卒八千里外，致抱终天之恨。当时扶梓葬亲，不如是，则禽兽，何孝之有？中岁不能成立，每糊口于四方，不耕而食，佣吾身而糜人之饩，乌乎廉？”嘉庆五年，已近五十岁的曾衍东以举人身份任湖北江夏知县，后调任咸宁、当阳、巴东等地知县。他任职期间不许差役无故下乡，以免扰民，他曾说：“人所不能做的事体，我偏要做去；人所不能减的东西，我偏要减去。”因为他关心民瘼，所到之处，皆为百姓所称颂。

但曾衍东个性倔强，不善趋炎附势，所以不为上司所喜。嘉庆十九年（1814），他在巴东县令任上，因为复查一件杀父逆伦大案而触怒巡抚，被免职，流放温州羁管。由于他从政清廉，家无资财，免官后竟落到“穿也无衫，食也无餐”的地步。一家十口，嗷嗷待哺，心情郁闷的曾衍东，“只好涂涂抹抹，画几张没家数的画，写几个奇而怪的字，换些铜钱，苦度日子”。道光元年（1821），大赦天下，他才被准携家回乡，但因贫不能行，只得寓居温州，终老于此。

曾衍东博学多才，擅长书法，工于绘画，“笔墨狂放，大致以奇怪取胜。镌图章，摩古出奇”。他曾说：“人之于画，能画人之所皆画，亦能画人之所独画。我能画人之所不画，而人终不能画我之所画”。又有句曰：“前人曾以诗作画，我意翻将画作诗。画里诗同诗里画，一般神趣少人知”。他书画俱佳，本可衣食无忧，但他又颇为清高，不与俗人为伍，他曾说：“人索玩画，我却不画；人不索画，我偏要画。”有一次，家中正是“饿腹难充”的时候，来了一个“囊中垂垂多金”的大贾，要买他一幅画，他却予以拒绝，以表示自己不是见钱乞怜、甘受嗟来之食的人。曾衍东靠卖字画为生，但又不肯随便卖，这就使他和家人常常过着饥肠辘辘的生活，“儿女冷迎皆骨相，祖孙愁戴一皮冠。室多病口加餐少，衣不完身交质难。”真实地描述了他的穷愁生活境况。虽然生活清苦，但他仍然以视贫寒为本色的精神，“闭门风雨凭他恶，放笔云烟任我狂”，苦中作乐。

曾衍东著有《武城古器图说》、《小豆棚》，诗集《哑然诗句》、《古榕杂缀》、《七道士诗抄》，随笔《日长随笔》，画论《七如题画小品》等。《小豆棚》是曾衍东最重要的作品，此书写作历时三十余年，主要记载了一些逸闻轶事，内容涉及忠臣烈妇、文人侠士、仙狐鬼魅、善恶报应等事。此书记事以清代为主，间或有明朝的逸事、逸闻，地域上以济宁一带为多，也涉及湖、广、苏、闽等地的逸闻。语言简洁，叙事婉曲，妙趣横生，不失为清人笔记小说中的一部佳作。

曾衍东《小豆棚》书影

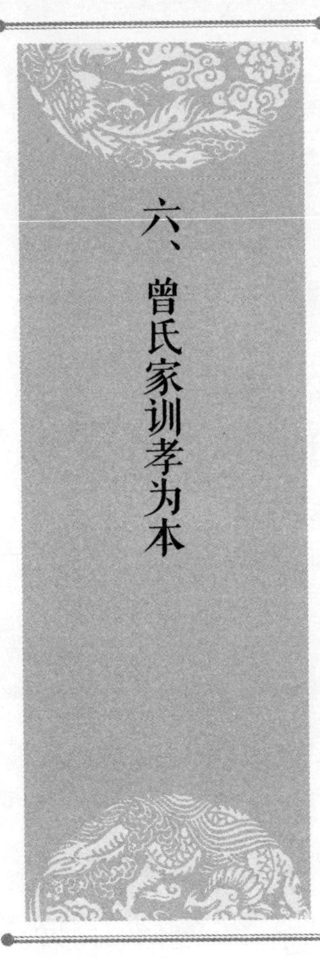

六、曾氏家训孝为本

宗圣曾子不仅把孝的观念上升为孝道理论，而且持之以恒地笃行孝道，他躬耕事亲的孝行，尤为世人称道，所谓“曾子质孝，以通神明”、“孝乎惟孝，曾子称焉”，就是后人对曾子的褒扬与推崇。千余年来，宗圣曾氏家族把孝德孝行作为维持家声不坠的重要家族文化传统，奉若珍宝。特别是明嘉靖年间世袭翰林院五经博士之后，宗圣曾氏家族成为与孔、颜、孟三氏比肩的圣裔家族之一，特殊的政治地位和圣贤后裔身份，使得曾氏对于家族长盛不衰、传之久远的期待，较一般科第仕宦家族更显殷切。因此，曾氏家族尤其注重秉承曾子遗教，孝悌传家，敦宗睦族，形成了特色鲜明的“以孝为本”的家训、家风。

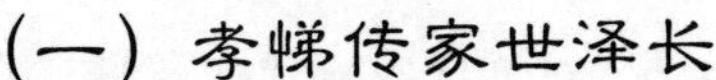

（一）孝悌传家世泽长

家庭是社会的细胞，在中国传统社会，家庭被视作一切人伦教化的中心。早在先秦时期，就出现了家庭世代相传的学问，也就是著名的“畴人之学”。《史记·鲁周公世家》记载，周公以自己“一沐三捉发，一饭三吐哺”礼待贤能的事例，告诫儿子伯禽修养德行、尊贤容众的故事。《论语》里也有孔子教育儿子孔鲤学诗、学礼的记录，这些都说明中国的家教传统具有悠久的历史。秦汉以降，出现了为教育子孙而专门撰写的家诫、家训、家规、家范等训导之词，教给子女修身治家、为人处世、敦亲睦族的道理。家训作为古代家长教育子女的基本形式，经过长期的历史演变，逐步从一家一族的训示，发展成为书香门第、仕宦之家乃至普通百姓普遍认同的教子、治家之良方，并由此形成了良好的家教传统。

曾氏家族的家教，可称为孝悌传家。曾子注重家教，强调从身边小事做起。曾子“杀猪示信”的故事，彰显了家庭教育对于孩子心灵成长的重要性，堪称千古教子的典范。更为重要的是，曾子以其对孝道的倡导和践行，为曾氏家族的家风奠定了基调，他的子孙也从曾子的言传身教中深深体悟到孝道的重要，并将其落实到自己的日常生活当中。从此，曾子后代恪遵祖训，孝悌传家，代代承继。明代樊维城对曾子的家教极为推崇，称赞他："弘毅特肩，系道统于万世；圣勇能任，启家教为大门。"

中国传统的家庭教育，主要包括修身、齐家两个方面。中国古代的政治伦理思想格外重视修身与齐家、治国、平天下之间的密切联系，认为只有做到身修、家齐，才能实现国家的长治久安和天下太平。修身，就是修养身心，躬行实践，塑造德才兼备的完美人格。

任何一个人，无论是至尊君王还是平头百姓，要达到至善之境，都必须以修身作为立身处世的根本。齐家，指的是以礼教来规范父子、兄弟、夫妇等各种人伦关系，和睦家庭，端正门风。齐家处于修身、治国的中间链条，既是修身的目标，又是治国的基础。身修，则家可教；家齐，则国可治。而践行孝悌之道，就是由修身、齐家而达于治国、平天下的重要途径。

"孝悌"是曾氏家训的一大主题，在曾氏家族的家庭教育中占有极其重要的地位。曾子六十七代孙曾衍咏把"孝"看作曾氏家族的家教传统，对宗圣曾子提倡的孝道表现出由衷的崇敬之情和以孝为教垂训子孙之意，他在《武城曾氏族

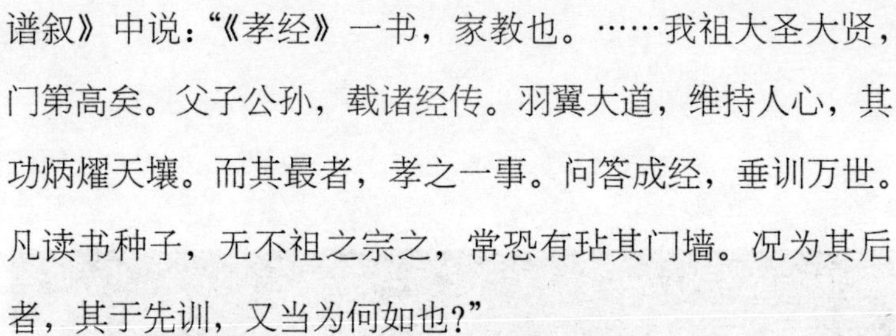

谱叙》中说："《孝经》一书，家教也。……我祖大圣大贤，门第高矣。父子公孙，载诸经传。羽翼大道，维持人心，其功炳耀天壤。而其最者，孝之一事。问答成经，垂训万世。凡读书种子，无不祖之宗之，常恐有玷其门墙。况为其后者，其于先训，又当为何如也？"

就曾氏家族孝悌教育的主要内容来看，大致包括孝敬父母、友爱兄弟、和顺夫妇等几个方面，《曾氏族谱》中的《家训》有孝父母、敬伯叔、宜兄弟等诸多明确的要求。这些伦理教化原则，平实易行，人人都可以切实践履，做一个孝顺子孙。曾氏家训不单单规定了为人子、为人弟的伦理义务，对长辈的伦理责任也有要求，如父母应当垂暮自重，伯叔应当端重自处，都强调了长辈以身作则、正身率下的重要。无论是小辈的善事父母与尊长，还是长辈的端庄自重，其所要达到的目的都在于维系家庭的和谐。

为了使子弟养成良好的德行，曾氏尤其注重教导子弟要读书明理。《富顺西湖曾氏祠族谱》录有明代翰林院编修曾朝节撰写的家训，告诫子弟"以读书为上，投明师，交益友，通五经之理，详六艺之文，究诸子百家之言"，只有如此，才能做到"居家可以教子弟，庭训堪型；用世可以事明君，尽忠报国"。曾氏家族源出宗圣，其教育子弟读书的重点在于学习圣贤嘉言懿行，以变化气质，增强道德修养，假

《石莲曾氏七修族谱·三修家训》书影

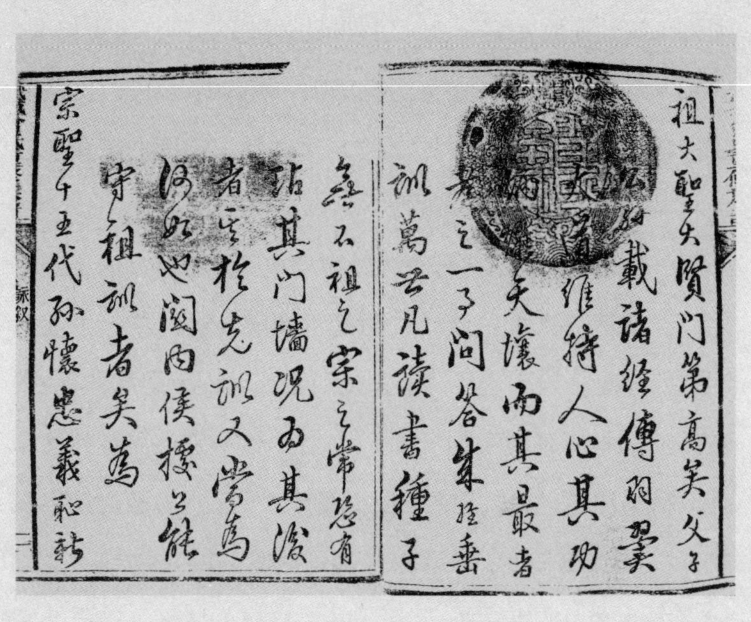

祖大聖大賢門第高矣父子
弘毅載諸經傳羽翼
維持人心其功
天壤而其最者
莫之一子問答集姪垂
訓萬世凡讀書種子
無不祖之宗之常懷有
沾其門墻况而其後
者宜於先訓又當爲
海外也閩內僕摟之能
守祖訓者矣爲
宗聖七十五代孫懷忠義耻新

曾衍咏《武城曾氏重修族谱序》书影

如读数十卷书，“便自高自大，陵忽长者，轻慢同列，亦先儒所谓以学求益，今反自损，不如无学者”。因此，务必摒弃恃才傲物的恶习，无论士农工商，所习不必一业，但必须将修德做人放在第一位，“务要温厚和平，不许半点粗豪，间有气质难驯之辈，尤宜涵育熏陶，俾渐摩既久，自然变化，将来涵养成而生气质”。这与世俗教子弟读书以获取功名利禄的做法显然大不相同。

科举时代，读书入仕成为光宗耀祖、显亲扬名的不二法门，许多读书人埋头八股，两耳不闻窗外事，忘却了读书明理的初衷。对于这种片面追求科第或者谋生之术的弊端，曾氏家训中有着尖锐的批评：“今俗，教子弟，上者教之作为取科第功名止矣，功名之上道德未教也；次者教之杂字柬笺，以便商贾书计；下者教之状词活套，以为他日刁滑之地。虽教之，实害之也。”正是基于这样的认识，曾氏特别重视教育：一般的学龄儿童，七岁便入乡塾，学字习书，年龄渐长便选择端正师友，教授五经书史，务使变化气质，陶熔德性。他日不论是做秀才、做官长，能为良才、为廉吏，即使为农、为工、为商，也不失为醇厚君子。

可见，曾氏家教并非仅仅着眼于科第功名的追求，而是重在培养“讲求诚正修齐之道”的醇厚君子。在传统社会中，读书作为士人的晋身之阶，自然是士大夫家庭保持政治、社会地位的必要手段，但若从家族发展的长远角度看，能否遵从圣贤之道、崇尚礼义道德更关系到门户之盛衰、家业之兴替。明代王直就称赞上模曾氏“前辈长者皆惇厚、谨礼法，为弟子者，亦多聪敏好学，以儒业相尚”，具有笃恩谊、厚伦理的优良传统。

勤俭是齐家的重要环节。李商隐《咏史》诗曰：“历览前贤国与家，成由勤俭败由奢。”古往今来，上自豪门显宦，下至布衣百姓，勤俭二字都是家庭持久兴旺的根本。

曾氏自曾子开始，就以耕读为业。曾氏后人在鼓励子弟读书的同时，也恪守祖上的家教传统，崇尚勤俭持家，把“务农桑”看作保身要道、兴家之本，反对男子游手好闲、妇人贪睡爱眠，认为一家之兴旺，唯在一“勤”字。《永丰木塘源曾氏族谱》所载《家规》就提出“习勤劳”、“尚节俭”，认为“勤苦，立身之本；懒惰，败家之原”，告诫子孙后辈“开财之源以勤，节财之流以俭”。石莲曾氏在家训中也讲道，除诵读外，耕织最为重要，如果男子勤于耕作，自有余粟；妇人勤于纺绩，自有余布。唯有如此，方能衣食不竭，而子弟读书也多赖于此。

湘乡曾氏在晚清声名显赫，但曾国藩仍然一再要求子弟戒奢傲、去骄佚。他在给儿子曾纪泽的家书中说道：“居家之道，惟崇俭可以长久，处乱世尤以戒奢侈为要义”，所以

武城曾氏重修族譜　家規　六四

棄自取慢師之誚可也

一習勤勞

勤苦立身之本懶惰敗家之原故韓子云業精於勤荒於嬉俗諺論矣我子孫輩或立志讀書須趁少年工夫努力着鞭休教蹉跎過時光莫使老大傷遲暮試看世間曳青拖紫之士疇不自勤學中來語云受得苦中苦方爲人上人信不誣也至於耕作之事豐年勤厚獲必倍於常歲凶年勤薄收亦勝於抛荒故

《永丰木塘源曾氏族谱·家规》书影

衣服不可多制，尤其不能大镶大缘，过于绚烂。曾国藩以“吾家累世以来，孝弟勤俭”自豪，也常为“虽力求节俭，总不免失之奢靡”自责，故对于家人能否勤俭持家，曾国藩时时挂念在心：“近日家中内外大小，勤俭二字做得几分？门第太盛，非此二字，断难久支，务望慎之！”他在给欧阳夫人的家书中常常提到持家要从勤俭入手，作长远打算。他说：“居官不过偶然之事，居家乃是长久之计。能从勤俭耕读上作出好规模，虽一旦罢官，尚不失为兴旺气象。若贪图衙门之热闹，不立家乡之基业，则罢官之后，便觉气象萧索。凡有盛必有衰，不可不预为之计”。希望夫人教训儿孙妇女，常常作家中无官之想，时时有谦恭省俭之意，自然福泽悠久。

一般认为，“勤”就是尽力耐劳。士农工商，业虽不同，皆是本职，“勤则职业修，惰则职业隳。修则父母妻子仰事俯畜有赖，隳则资身无策”。那么，尽力于业是否就可以称得上“勤”了呢？

曾氏以为不然。溧阳曾氏《宗规》中说：“勤”并不是做到“尽力”就行了，而是要“尽道”，如士人则先德行，次文艺，不能因读书识字舞弄文法，颠倒是非；举监生员不得出入公门，有玷品行；仕宦不得以贿致官，贻辱祖宗。农者不得窃田水，纵畜牧，欺赖田租；工者不得做淫巧，售伪器；商者不得纨绔冶游，酒色浪费。将“勤”由“尽力”提升到“尽道”的高度，可以说是曾氏家教的一大特色。举凡士农工商，无论贵贱贫富，尽力之外，尤当谨言慎行、奉公守法。只有这样，才算是真正践行了修身做人、仁民爱物之道。

古人说“俭以养德”，对于“俭”字，溧阳曾氏有更为深切的体认：“人生福分，各有限制。若饮食衣服、日用起居，一一俭朴，留有余不尽之享，以还造化，是可以养福。奢靡败度，俭约鲜过，不逊宁固，圣人有辨，是可以养德。多费则多取，多取不免奴颜婢膝、委曲狥人，自丧己志。少费则少取，随分自足，浩然自得，可以养气。”认为“俭”不仅可以养德，亦可养福、养气，用之教子孙，有益于家，用之挽敝俗，有益于国。

世间不能厉行节俭，其原因大都和“好面子”有关，如争讼打官司，就鬻产借债，讨人情，不顾利害吉凶，赢了就觉得有面子；再如喜欢炫富，卖田为女置办嫁妆，用重金彩礼为子娶媳，以得到他人的钦羡为荣。不知剜肉医疮，所损日甚。这种奢靡无度、铺张浪费之风对社会的良风善俗造成了巨大的冲击。

有鉴于此，曾氏严禁一切有损德行、有害门风的不良行为，《石莲曾氏族谱》所载《二修家训》共十二条，有关这方面的戒律就有“禁淫欲、禁发冢、禁邪说、禁赌博、禁谣谤”等五条，其《三修家训》，又补充了戒争讼、禁戏场两条，对违反者也制定了严厉的处罚措施。这些以家族的名义制定的家规、家训、家法，对于族人的约束力是相当强大的，也在一定程度上保证了社会礼义道德规范能够得到切实的遵守，有利于促进家内秩序的稳定与和谐。

当然，曾氏家族对于读书、勤俭的倡导，最终的落脚点还是在孝悌之道上。读书，是为了进德修业，践行孝悌仁义之道；勤俭，是为了戒奢防逸，力尽敬养孝亲之心。曾氏认为只有在“孝悌”上用功，才能维持家风于不坠。比如，曾国藩就认为“孝友为家庭之祥瑞”，只有将“耕读”与“孝友”结合在一起，世家的基业才能传之久远。他在写给弟弟的信中说：“天下官宦之家，多只一代享用便尽，其子孙始而骄佚，继而流荡，终而沟壑，能庆延一二代者鲜矣；商贾之家，勤俭者能延三四代；耕读之家，谨朴者能延五六代；孝友之家，则可以绵延十代八代”，正因如此，曾国藩希望自己的家族能够成为“耕读孝友之家”，而不愿其为达官显宦之家。得益于曾氏对“孝悌忠信”的提倡，宗圣曾氏家族涌现了许多以“孝”著称的人物，如：

北宋著名散文家曾巩，早年丧母，在父亲去世后，他尽心尽力侍奉继母，抚育弟妹。《宋史·曾巩传》载：“巩性孝

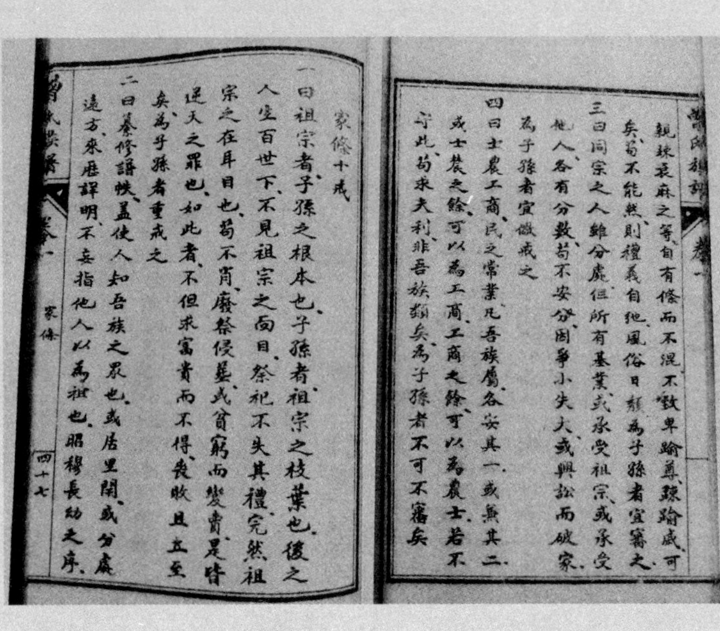
曾氏族譜　卷一　家條　四十七

家條十戒

一曰祖宗者子孫之根本也、子孫者祖宗之枝葉也、後之人生百世下、不見祖宗之面目、祭祀不失其禮、完然祖宗之在耳目也、苟不肯、廢祭侵墓、或貧窮而變賣、是皆逆天之罪也、如此者、不但求富貴而不得、喪敗且立至矣、爲子孫者重戒之

二曰纂修譜牒、蓋使人知吾族之衆也、或居里閈、或分處遠方、來歷詳明、不妄指他人以爲祖也、昭穆長幼之序、

曾氏族譜　卷一

親疎衰麻之等、自有條而不混、不致卑踰尊、疎踰戚、可矣、苟不能然、則禮義自絕、風俗日頹、爲子孫者宜審之

三曰同宗之人、雖分處、但所有基業、或承受祖宗、或承受他人、各有分數、苟不安分、因爭小失大、或興訟而破家、爲子孫者宜儆戒之

四曰士農工商、民之常業、凡吾族屬、各安其一、或兼其二、或士農之餘、可以爲工商、工商之餘、可以爲農士、若不守此、苟求夫利、非吾族類矣、爲子孫者不可不審矣

《富顺西湖曾氏祠族谱·家训》书影

家法十二條

一戒觸犯父母

律載有違犯父母不順不養者杖一百忤逆不孝者斬決遇赦不援等語凡我族中子弟各發天良竭力以服其勞承歡以養其志即不幸而殯而葬必誠信而盡哀敬盡禮以篤孝思以光門閭以顯家訓如違責罰不貸

一戒廢弛祭掃

律載有如期不祭祀不修培者杖一百等語凡我族

武城曾氏重修族譜 家法 一

《武城曾氏重修族谱·家法》（湖南宁乡）书影

友，父亡，奉继母益至，抚四弟、九妹于委废单弱之中，宦学婚嫁，一出其力。”曾巩少负才名，以文章鸣于世，自成一家，王安石赞他“曾子文章众无有，水之江汉星之斗”，极尽揄扬之意。曾巩虽然长期担任外官，却仕途不顺，但他并未因此而忽视自己为人子、为人兄的责任，而是对继母越发孝敬，对弟弟妹妹严格教育，他的弟弟曾肇、曾布以及妹婿王无咎、王彦深都在他的督责下，进士及第。南丰曾氏因此名声大振，被后人推崇为“以道德文章名天下”的名门望族，与汉代华阴杨氏、唐代河东柳氏并称。

又如，南宋名臣曾几、曾开兄弟，同以“孝”名世。曾几在母亲去世后，疏食十四年；他的哥哥曾开也是“孝友厚族，信于朋友。”曾氏兄弟孝悌忠信、刚毅质直的品格，在南宋偏安江南的政治舞台上，迸发出闪亮的光彩。高宗绍兴二十七年（1157），金军南侵。在面临强敌的情况下，曾几力阻宋高宗“浮海避敌”的想法，坚决反对纳币请和，并请缨北上，亲率将士与敌死战。曾开因主张抗金，遭秦桧构陷免职，但他仍铁骨铮铮，毫不屈挠。《宋史》对曾氏兄弟移孝作忠，忠诚谋国，以天下兴亡为己任的精神，尤为赞扬，称许为“风节凛凛……临大节而不可夺”的仁人志士。

再如，嘉祥曾氏世袭翰林院五经博士曾继祖，“事母孝，母卒，庐墓三年，奉旌孝子”。作为曾氏宗子，曾继祖的恪守孝道在曾氏家族中更具典范性的意义。曾继祖刚刚两岁，父亲曾昊就去世了。母亲徐氏，含辛茹苦，抚育孤子。到他十三岁的时候，祖父曾质粹又去世了。曾继祖“三世一身，孑然孤立”。万历年间，又遭曾衮冒袭，曾氏一门“呼天吁地，含酸怆神”。在家境艰难的情况下，曾继祖卧薪尝胆、矢志陈情，终于将曾衮冒袭世荫一事大白于天下，其子曾承业得以重守豆笾，世袭翰博。为了避免族人“凭其宠灵，席其晏安”，曾继祖还撰写了《曾氏永思碑铭》，告诫族中子弟秉承宗圣学行，遵纪守法，振兴家邦。

当然，中国传统家庭的伦理教育主要是针对家庭内的男子来说的，在一般人的观念中，父子、兄弟有血缘亲情，和睦相处，理所当然。但成家之后，兄弟、父子之间往往因毫末而生嫌隙，争长竞短，以致阋墙起衅，分家争产。在这种家庭裂变的过程中，妻子因为是外姓之人，遂被指为引致兄弟不睦、家庭失和的根源。因此，对女子“三从四德”的教化也是古代社会家庭教育的一大重心。曾氏自然也不例外。

当曾国藩从九弟来信中听闻家中妯娌之间不太和睦，十分着急，谆谆劝导说：“尤望诸弟修身型妻，力变此风。……望诸弟熟读《训俗遗规》、《教女遗规》，以责己躬，以教妻子。此事全赖澄弟为之表率，关系至大，千万千万！”其对家庭和谐的期望，溢于言表。他常说“兄弟姒娣总不可有半

曾氏永思碑铭

点不和之气。……和字能守得几分，未有不兴；不和，未有不败者”，他也常常以家中妇女奢逸为忧，故一再告诫儿子，撑持门户应当从“端内教”开始。

对家中女子的教育，曾氏是非常严格的。曾子六十九代孙、翰林院五经博士曾毓墫专门撰写《家诫》一篇，着重谈到女子为父母服丧的礼节。按照古礼，出嫁之女为父母服丧一年就可以了，但曾毓墫却认为此法于情理未允，他说孔子说过“子生三年，然后免于父母之怀”，父母去世，子女守丧三年，是天下通行的礼节，况且父母之丧无贵贱，所以他提出“吾家之女，应从夫家之便。吾家之妇，为其父母，必服三年”。

为严饬内教，曾氏倡导“闺门当肃”，教导家中妇女相夫教子、孝事父母，对那些赋性不良、凶悍妒忌、傲僻长舌、私溺子女的妇人严加戒斥；对当时社会上的不良风气，如“女妇有相聚二三十人，结社讲经，不分晓夜者；有跋涉数千里外，拜神祈福者；有朔望入庙烧香；有春秋佳节任其看灯者；有纵容妇女往来，搬弄是非者”等恶俗，曾氏更是早加预防，严厉禁止，并将其视为“齐家最紧要的事”。曾氏内教之严、敦厚之风，于此可见一斑。

无论古今，家庭教育除了父兄之外，母亲也起着至关重要的作用。母亲作为孩子的第一任老师，其文化修养、治家方法、处世之道对于孩子的成长有着潜移默化的影响。因此，婚姻历来被看作培育子孙良好德行、维系家族永久延续的根本，正如《礼记·昏义》所言“昏（婚）礼者，将合二姓之好，上以事宗庙，而下以继后世也”。曾氏家族尤重嫁娶之道，“婚姻之际，务择善良”。曾氏还居嘉祥之后，所娶女子多出身于圣裔家族，都有着良好的家教，文化素质较高，能够较好地承担起教育子女的职责。良好的家庭教育，对曾氏孝悌家风的形成与保持，起到了不可忽视的作用。

家国一体是中国传统社会的主要特征，在传统社会中，家庭一直是维系国家长治久安的主要支柱之一。自汉代以来，历代帝王就宣扬孝道，实行以孝治天下的政策，通过诵《孝经》、举孝廉、旌表孝子等多种措施，在全社会倡导移孝作忠的观念，以巩固专制皇权统治。家庭、宗族由此成为教化人伦、推行孝治不可或缺的渠道。清朝初年，康熙帝为正风俗，兴教化，颁布《圣谕十六条》，就将“敦孝弟以重人伦”列于首位。

就家族内部而言，分疏戚、序尊卑、崇宗法、立族规、扬美善、惩恶行，不仅对于族人有良好的劝勉和规诫作用，而且也是一个家族兴盛久远的基础。千百年来，曾氏在理学、文章、德行、治绩、忠孝、节义等方面，代有闻人，其根本原因就在于曾氏有良好的家风：“仁义行而孝弟之风兴，惇睦之俗成，尊卑疏戚各安其分，而后子孙又力行仁义，以继续不穷”。

中国传统文化是以儒家学说为主体的伦理文化，这种文化最突出的体现是“父子有亲，君臣有义，夫妇有别，长幼有序，朋友有信”，简而言之，不外乎忠、孝二字。在家尽孝、为国尽忠，天经地义。孝悌传家为曾氏世代相守的家教门风，其对忠孝之德的提倡尤其突出。曾子六十九代宗子曾毓墫对子孙殷殷告诫：“心正身修，身修家齐，此吾家《大学》之教；由立身以事亲，由事亲以事君，此吾家《孝经》之教”，每一个曾氏之人，都应当“读吾曾氏之书，守吾曾氏之教，省吾曾氏之身”，这样，才能不愧为宗圣曾子之后。曾衍咏也说：“吾祖以《孝经》垂训，赫赫在人耳目……足以动人之心思，鼓人之气力，怦怦向往而不能已。”力图通过对祖先的孝思，激发族人的诗书礼义之风、行孝尽忠之心。

同时，曾氏也通过制定家训、族规等方式，教化族人，将孝忠观念代代相传。光绪二十七年曾传禄纂修的《石莲曾氏七修族谱》所载家训就包括了重家谱、勤祭扫、孝父母、敬伯叔、宜兄弟、明夫妇、和乡党、隆师友、勤诵读、务农桑、先气质、惜文字、厚姻娅、戒争讼、救水旱、禁戏场、禁越葬坟墓、禁久搁不葬、禁拖欠粮饷、禁分受不均、禁异

家訓

一敦孝弟夫子曰弟子入則孝出則弟有子曰孝弟爲人之本人能孝弟自能不犯上不作亂求忠臣必於孝子之門故當以孝弟爲首務

一宜睦族夫同氣連枝皆歸一本張子曰民吾同胞物吾與也在民物且如此況一氣乎睦族之道凡爲父兄者當爲子弟日日教之此卽敦本之道也

一務節儉當思用之者舒則財恒足故雖千乘之國尚宜節用況居家有限之產耶凡事宜省嗇亦當節之以禮勿得

《江阴曾氏续修族谱》书影

姓入继、禁淫欲、禁发冢、禁邪说、禁赌博、禁谣谤等内容，清代《吉阳曾氏族谱》则明确宣称以康熙《圣谕十六条》为家训，规劝族人和睦乡党、奉公守法。借助于族规、家法，以“孝悌忠信”为核心的家训传承，成为曾氏家族内部的精神连线和传家珍宝，为曾氏家族的辉煌奠定了坚实的基础。

（二）报本笃亲家声远

中国传统社会，有强烈的血缘意识。曾氏家族同其他家族一样，都是以父系血缘关系为纽带联结而成的一种社会关系。此种关系之维系，很大程度上依赖于对共同祖先的追思与祭祀。因此，虔诚地祭祀祖先不仅是尽孝的基本要求，更是宗法制度下维系家族凝聚力的重要方式。儒家将祭祀祖先看作践行孝道的重要内容，孔子曰：“生，事之以礼；死，葬之以礼，祭之以礼”，曾子说：“慎终追远，民德归厚矣。”其根本目的都在于发扬报本返始、慎终追远的孝亲伦理，建构人伦纲常。

嘉祥曾氏家族作为宗圣后裔，由于得到历代统治者的优渥，封建宗法制度对其家族的支配和影响远较其他家族为甚，这也使得曾氏内部各房系的联系比较紧密。宗圣曾子是倍受尊崇的儒家圣贤，配享孔庙，天下通祀。同时，曾子故里嘉祥也建有专庙。在曾氏家族的祭祀活动中，由曾氏宗子博士主持、祭祀宗圣曾子的春秋二丁祭，显然是最为重要而又具象征意义的，既对维系曾氏宗亲关系具有积极作用，又使得孝道思想在实践中快速传播给下一代。除了庙祭之外，还有墓祭、岁时祭等，都是为了表达对祖先的虔敬之意。

儒家所倡导的人子事亲之礼和对祖先的虔敬祭祀，自古以来就被世人视为人子恪尽孝道的本分，不孝亲、不祭祖的人会被看作灭绝人伦的不肖子孙，遭受人们的谴责。因此，对祖先的祭祀不仅仅是一种礼仪，更是一种行为规范。富顺《曾氏族谱》里说："祖宗者，子孙之根本也。子孙者，祖宗之枝叶也。后之人生百世下，不见祖宗之面目，祭祀不失其礼，完然祖宗之在耳目也"，假如有不肖子孙，废祭侵葬，或者因贫穷而变卖墓地，都是逆天之罪。不言而喻，曾氏对于宗族祭祀的重视，一方面展现了曾氏后人对于宗圣曾子的感恩之情，另一方面也树立了曾氏家族的良好声誉。

曾子是孔门大贤，身肩道统，以广洙泗之脉，于孔门有传道之功，被尊为宗圣，名垂青史，光耀后世。但明代成化至万历年间，孔、颜、孟三氏之《阙里志》、《陋巷志》、《三迁志》相继修成，而曾氏《志》却付之阙如，宗圣曾子后裔深愧曾氏典籍残缺，为彰显曾子之功及曾氏后裔袭封之荣，以保存家族历史鉴往知来，传述忠孝节义激励后世，遂不惮烦劳，广为搜集，开始创修《宗圣志》。

曾氏《宗圣志》的纂修，始于明万历中期。曾子六十二代孙曾承业承袭翰林院五经博士之后，仿效颜、孟二氏，列图赞、详谱系、搜举曾氏先人事迹、胪列历代崇典，在山东巡按姚思仁的支持下，经山东兖西道签事李天植增补润色，曾氏家族第一部志书于万历二十三年（1595）刊刻行世，被时人誉为“道统增明，儒林生色”的一大盛事。

由于是初次纂修，曾承业、李天植所撰《曾志》多有遗漏，在曾承业之子、翰林院五经博士曾弘毅的鼎力支持下，浙江海盐人吕兆祥网罗载籍，荟萃故实，于崇祯二年撰成《宗圣志》。吕兆祥所修《宗圣志》全书共十二卷，分为图像、世家、追崇、恩典、事迹、艺文、奏章、记序、碑志、诗词等十大类。《宗圣志》编纂完成后，曾弘毅请衍圣公孔胤植，太子少保南京工部尚书丁宾，中宪大夫、原任山东学政项梦原，户部浙江清吏司主事樊维城，吏部观政安阳吕化舜等人作序。山东学政项梦原通览全书后，赞叹有加，称吕兆祥《宗圣志》“仰承宗圣两千年之道容，若在吾眼；远绍六十三代之懿脉，足畅家风。”

清乾隆四十六年（1781），曾子六十九代孙、翰林院五

宗聖志卷之一

海鹽呂

曲阜孔

句容孔貞運

兄呂維祺

男呂逢時 編次

像圖志

敘曰、孔門高弟、獨推顏、曾。及顏子早折、而曾子卒傳聖人之道、乃孔子獨稱顏子好學、不知曾子、顏沒而後及門、且少孔子四十六歲、與顏形神不接、固未嘗以鼻之一字邀顏爭學。逮夫子沒時、曾子纔二十有七、能以幼少含藏天機、忽發一貫真傳、其風悟不藏於顏子、而暮年工力殆或過之。孟子言誦其詩、讀其書、而必論其世。明乎不按其時、則何以知言行之先後。然不覩其容、亦無以啟學者之景行也。今以圖像祠墓詳載於後、使殊方異域之士、庶乎有可考焉。

吕兆祥《宗圣志》书影

经博士曾毓墫在吕兆祥《宗圣志》的基础上，续撰《武城家乘》。曾毓墫在曾氏家族发展史上是一个非常关键的人物，他在乾隆二十六年（1761）袭封翰林院五经博士后，致力于曾子林庙的维护，“凡庙林、书院、家庙，黏补最勤。纪事碑版亦多，俾后有可查考”。

另外，曾毓墫还联合南宗联修《武城曾氏族谱》，又著《家诫》、《训后要言略》等书，在曾氏家族文献的保存方面，作出了很大贡献。王定安说，论曾氏宗子功德，曾毓墫仅次于曾承业。曾毓墫之所以撰写《武城家乘》，主要有两个方面的原因，一是从崇祯二年吕氏《宗圣志》修成到清乾隆年间一百五十多年里，《宗圣志》没有续修，曾氏优崇之典、家族事迹缺乏翔实的记载。以致他陪祀乾隆帝阙里释奠的时候，“即欲敬陈于言，而取旧《志》一为披读，巨典无徵，更不胜惶惶如也”。另一方面，一些熟悉曾氏典故的人年岁渐长，存世无多，“恐闻者异辞，传者又异辞。世远年湮，异日不惟贻数典忘祖之羞，而于国家煌煌承祀之仪，徒令载纪天渠。而考古者适以询，转置焉而弗详”。为了更完整地保存曾氏家族的史迹，以传流后世，曾毓墫便以吕氏《宗圣志》为基础，去繁芜、阙疑会，增补史料，修成《武城家乘》八卷，于乾隆四十六年（1781）刊刻行世。

清光绪十六年（1890）春，担任两江总督的曾国荃收到曾氏南宗寄来的吕氏《宗圣志》，希望取得曾国荃的支持，重新梓刻，曾国荃便嘱托王定安详加校订。王定安，工古文，长于史志，他翻读吕氏《宗圣志》的时候，发现自崇祯迄于光绪“二百五十余年宗裔之袭代，祀典之增加，林墓祠庙之兴替，祭田户役之存没，皆阙焉无考”，于是，征得曾国荃的同意，亲赴嘉祥宗圣故里，同曾子七十四代孙、翰林院五经博士曾宪祏一起搜讨曾氏家乘、碑记，又经山东巡抚张曜派遣济宁州牧蹇念猷、嘉祥县令陈宪等人辅助，历时半年，将入清以来曾氏相关史实搜集略备。由于吕兆祥《宗圣志》所载曾子言行“颇多疏漏且不详”，乃变其体例，将曾氏事实依类汇编，至于世系、邑里，伪托臆撰舛戾之处，王定安则详加辩订，“赝者纠之，漏者补之”，于光绪十六年纂成《宗圣志》二十卷。

王定安所撰《宗圣志》，卷一、卷二为图像，卷三为传记，卷四为世系，卷五为邑里，卷六为述作，卷七、卷八为祀典，卷九为祠庙，卷十为林墓，卷十一为祭告，卷十二为荫袭，卷十三为祭田，卷十四为户役，卷十五为院第，卷十六为弟子，卷十七为私淑，卷十八为赞颂，卷十九、卷二十为旁裔，卷末附崇祯续修《宗圣志》序两篇。全书材料翔实，取舍慎重，体例严谨。由于《宗圣志》的编纂由曾国荃主持，故此书题名曾国荃重修、王定安编辑。这是所

宗聖志卷一

湘鄉曾國荃重修

東湖王定安編輯

圖像第一上

武梁石室嘗圖古人疇正橅綱爲孔素臣繪其軼事頑懦咸興纂圖像上

古者左圖右史讀王延壽魯靈光殿賦歷畫邃古之初帝王后妃忠臣孝子取其善可示後也今所睹者武梁祠孝堂山刻石是其例也圖像顧不重乎哉

宗聖志　卷一　圖像上　一

王定安《宗圣志》书影

有《宗圣志》中资料最为全面的一部，也是流传最为广泛的一部。

自明万历二十三年第一部《曾志》刊刻，中经崇祯二年吕兆祥续修，清初曾毓墫增益，到清末光绪十六年曾国荃重修，共有四部曾氏志书。《宗圣志》的编纂和重修，不仅保存了曾氏家族文献，为后人了解曾氏家族历史提供了便利，更为重要的是，借助《宗圣志》的流传，曾氏的孝悌家声与荣耀，名闻遐迩，也渗入了一代代曾氏后人的内心，激励着他们效法先哲，进德修业，光大门楣。

一家有谱，就如一国之有史。族谱记载着一个家族的历史变迁，同时也保存了宗族世系、族人事迹、家训族规以及碑志、艺文、诗词等各种文献，对于教育后人涵养德性、形成孝悌忠信的伦理观念有极其重要的意义。鉴于族谱在强化血缘关系、增进宗族和睦、提升家族的社会声望以及进行伦理教化等方面的重要功能，曾氏家族对族谱的纂修也极为关注，付出了许多心力。

族谱，又称家谱、宗谱、家乘，是以血缘关系为主体记载家族或宗族渊源、世系繁衍和家族重要人物事迹的史籍文献。郑樵《通志》说："自隋、唐而上，官有簿状，家有谱系，官之选举必由于簿状，家之婚姻必由于谱系。"这一时期的族谱编修主要由官府主持，目的是为政府选拔人才、士族出仕、门第婚姻提供依据。

宋代以来，面对宗法人伦关系的弱化，理学家开始大力倡导宗法观念，如张载强调："管摄天下人心，收宗族，厚风俗，使人不忘本，须是明谱系世族与立宗子法"。否则，族散而家不传，又安能保国家？正如元代刘诜在《龙溪曾氏族谱序》中说的那样："族不可以无谱。族有谱，然后不以疏为戚、戚为疏，不以尊为卑、卑为尊。戚疏尊卑秩然不可紊，而后孝弟之心生焉"。纂修族谱，作为敦亲睦族的重要途径，在宋元以后尤其是明清时期，逐渐呈现普遍化的趋向，许多家族都把修纂族谱当作家族的特等大事和后代子孙应尽的义务。

目前所能见到的关于曾氏族谱的最早记载，见于《宋史·艺文志》著录的"曾肇《曾氏谱图》一卷"，时间大概在宋代元丰六七年间，但由于此书已佚，我们难以知其详细，只能从江西南丰《二源曾氏族谱》所录曾巩《修谱图法》里大致知晓其内容，主要记载的是曾氏宗族世系以及分徙源流等。除此之外，宋代曾氏族谱见于记载者还有南宋理宗宝祐年间曾德卿纂修吉水《石濑曾氏族谱》，明李时勉称赞其纂辑的曾氏谱系"明正详备"。宋元易代之际，战乱频仍，许多家族谱牒毁于兵火，"能存先世之谱者，百无一二"。但在宋谱几乎丧失殆尽的元代，南丰曾氏族谱尚存于世，这充分说明曾氏后人对于族谱是极其珍重的。

元代曾氏族谱很多都是在宋谱的基础上增修的，但也有“精搜博访”，采集文献，重新辑修的，如《罗山曾氏族谱》、《龙溪曾氏族谱》等，这些族谱记载了曾氏家族世系、世派的分化、迁徙情形以及各支派的繁衍情况，较之宋代族谱，在内容上有所丰富。明清时期，民间修纂族谱极为盛行。随着曾氏家族的繁衍移徙，各地曾氏支派的族谱更为繁多。明清两代曾氏族谱的修纂，与其他家族显著不同的现象是，东、南两宗开始共同编纂两宗通谱，这也成为曾氏族谱的一大特色。

曾氏东宗、南宗的分别，始于明嘉靖年间。由永丰北归山东嘉祥者为东宗，由永丰徙居湖南宁乡者，为南宗。按照严格的宗法关系，东宗属曾氏庶支，但因为嘉祥是宗圣故里，东宗又以朝廷世官的身份主持曾子祀事，所以东宗便取代南宗成为曾氏大宗，曾氏家族宗法名分自此确定。鉴于明嘉靖、万历年间，曾氏两次发生争袭翰博的事件，东宗宗子曾承业在承袭翰林院五经博士之后，为严宗法而正名分，对曾氏族谱的纂修甚为重视和关注，“欲续海内嫡谱，未克而卒”。崇祯元年，曾承业之子曾弘毅联络南宗，重修族谱，以完成父亲的遗愿。自此，东、南两宗便开始共同编订曾氏族谱，并形成了南宗设局、东宗查核，嫡谱掌归嘉祥、宁乡

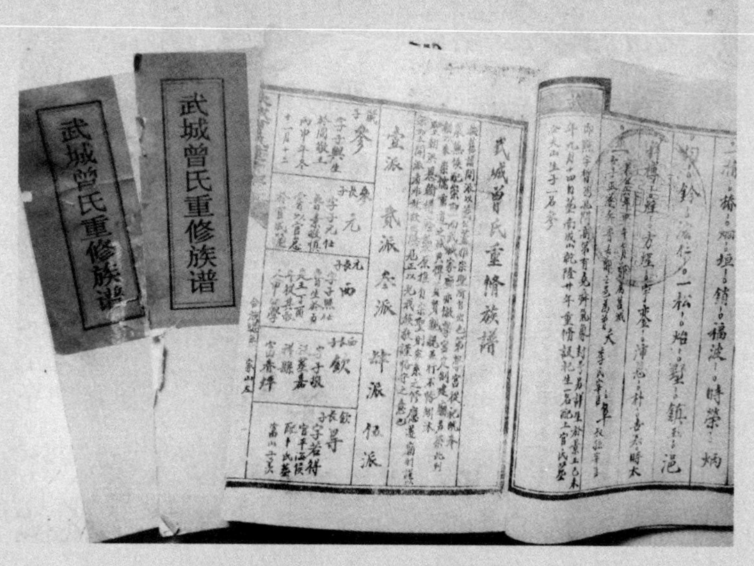

《武城曾氏重修族谱》（山东嘉祥）书影

两大宗子的惯例。也正是从这时起，曾氏族谱仿照《孔子世家谱》以孔子为孔氏始祖之例，将宗圣曾子作为曾氏家族的开派始祖。至清末，东、南两宗又进行了三次联修族谱的活动。

曾氏纂修族谱一方面是为了纯正血统，明宗派，别亲疏，序尊卑；另一方面是为了以血脉而传道脉，倡扬孝道，“成报本笃亲、收族敬宗之美”。因此，在纂修族谱时，曾氏特别重视宗法观念，希望通过纂修族谱，把散居全国的曾氏族人组织成一体，收宗族，厚风俗，以增强曾氏家族的向心力、凝聚力，为曾氏家族的和睦发展奠定良好基础。从曾氏家族发展史的角度考察，我们不难发现，与其他家族相比，孝悌观念在曾氏家族中具有十分突出而重要的地位，无论是曾氏家族的家训族规、祭祀活动，还是编纂《宗圣志》、联修族谱，实质上都是践行宗圣遗训、倡扬孝道的表现。

结语

欲治其国者，先齐其家。齐家，必以孝悌仁义为先。人之为人，“亲亲为大”。人必须懂得孝悌之道，才能“整齐门内，提撕子孙”，使家庭和睦，家道长久。否则的话，即使多积银积钱，积谷积产，积衣积书，到头来总是竹篮打水、枉费心机。所以，我国自古以来就有重视家庭教育、倡扬孝悌家风的优良传统，教育世人以积极的态度，用儒家经义训诲子孙，以求世代保持勤俭耕读的作风、仁义忠孝的品质，光耀门楣，扬名后世。

宗圣曾氏家族的家教注重“修己治家”，修己则希圣希贤，读书明理，敦品励志，养成醇厚君子；治家则孝悌勤俭，和顺家门，敬宗睦族，弘扬优良家风。曾氏起家东鲁，南迁庐陵，散播四方，而后又北归嘉祥，奉祀曾子祠墓。纵使南北屡迁，历经种种磨难，但曾氏始终坚守耕读孝友、勤俭居家的家族传统，倡导孝悌为本，治家为先。宗圣一脉，继往开来，人才辈出，家族兴旺，正得益于此。不言而喻，以仁义忠孝教育子孙，是齐家的至关重要的一环。只有在家庭和谐兴旺的前提下，社会才能稳定发展，国家才能更加繁荣富强。

古人说："至今东鲁遗风在，十万人家尽读书"。家风是中国文化的传送带，是中国文化的播种机。中华民族悠久的家风、家教传统，必将在"礼仪之邦"的中华大地上，重新焕发光彩，给我们的精神生命提供丰富而充实的"正能量"，使中华文明的 DNA 一代一代传承久远。

附录

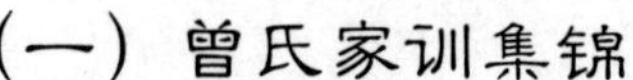

家　规

节选自《永丰木塘源曾氏族谱》（江西永丰）

先孝顺。五伦莫先于亲，百行皆源于孝。故为子者，须念幼而提携、父母之鞠育若何？长而婚教，父母之成就若何？且念亲之爱我，亦犹我今爱子，而劬劳恩深，方虑有难报者，忍不孝与？然孝非徒能养之谓，昔吾宗圣公有云：“孝有三：大孝尊亲，其次弗辱，其下能养。”夫尊亲固未易言，能养尚未足重，亦惟务弗辱之为要。吾族子弟尚其勖诸！若好货财，私妻子，博弈饮酒，好勇斗狠，而堕世俗所谓不孝，亟宜戒之。

重友恭。从来天伦之恩，父子而外，莫过兄弟。吾族后人，当思雁行之齿有序，鹡原之鸣有情。而饮食必让、语言必逊、步趋必徐、行坐立必居后，凡皆弟所宜尔也。至兄之待弟，亦当念谊切一本，亲属同气，而肫肫友爱，以无失埙篪唱和之雅。慎勿听枕边之私语，而反庭畔弓；慎勿听门外之谗言，而兴墙内阋；慎勿以饮食不饫，而起同怀之参商；

慎勿以田产不均，而操共室之戈戟。况夫兄弟既翕，父母其顺，和气致祥，家道必昌。

治丧葬。养生送死，皆非细故。自孟氏言之，送死比养生为大，盖谓子之事亲于此而终，舍是无以用其力者。吾族子孙，凡居亲之丧，附身附棺之具，固须竭力备办，除此之外，饰仪文当称家之有无。富贵得为而有财从厚，不为奢；贫贱不得而无财从薄，不为啬。诸凡治丧事，慎无信鬼教、崇佛事。

修祠墓。事死之道，当如事生，事亡之道，当如事存。为子孙者，其可不留心哉！无谓祖考音容杳渺，而遂不思报本也。

正家法。王化始自闺门，人伦肇于夫妇。家之本在身，身修而后家齐，所以为家长者，必言有物、行有恒，使尊卑大小咸肃然而不敢犯。少年子弟，必课以亲正人、闻正言、行正事，无令歌弹吹唱、猜拳掷骰、交结比匪、笑谈聚饮。如此，则一门之内，男女长幼，秩然严肃，斯家道正、风俗醇矣。

睦族谊。伦类之道，睦族为重。故帝尧平章百姓，协和万邦，必自亲睦九族始。一族富贵贫贱不相等，强弱众寡不相侔，须念联气同枝，必喜相庆、戚相吊、死丧患难相扶持，勿以富骄贫，勿以贵弃贱，勿以强凌弱，勿以众暴寡。

睦族之道，“仁让”两字括之。

笃姻好。展亲之义，著于往代；睦姻之文，纪于《周礼》。亲有穷通不等，惟在亲之如一。勿因其富贵而谄媚，勿因其贫贱而欺狎。

敦朋情。朋友居五伦之终，亦人道之最重也。呼群引类，出入市肆，谓之酒肉朋友；攀援趋附，结交声誉，谓之势利朋友。凡此，吾子孙固当戒之。若夫文章知己、道义往来，乃我辈所藉以互相砥砺者，必须契若金兰，晦明罔间。结好须如手足，慎无贫富易交。若结新好，忘故旧，非所尚耳。

报国恩。吾族子孙有居官者，须念其敬体臣工也，何如敢不循分而尽职？有为士者，须念其作育人材也，何如敢不勉学以待用？有为民者，须念其爱养百姓也，何如敢不急公而奉上？倘不安分守业，乱倡讹言，顽抗输将，拖欠累官，国法故违，即同化外之人，非所云报主也。

隆师道。亲生之、师教之，其生成之德，一也。凡子弟从师请业请益，理当谦恭叩问，而师有传授与提撕警觉之言，尤宜敬听勿忘。俗言，世代做官不可轻医慢匠，而况师儒一席，位并君亲，可不尊崇礼貌以待之？延师之家，须知吾弟吾子学业根基在兹，功名阶梯在兹。

习勤劳。勤苦，立身之本。懒惰，败家之原。我子孙辈或立志读书，须趁少年功夫努力着鞭，休教蹉跎过时光，莫使老大伤迟暮。至于耕作之事，丰年勤，厚穫必倍于常岁；凶年勤，薄收亦胜于抛荒。室无闲人，野无旷土，斯成家之计得矣。

尚节俭。开财之源以勤，节财之流以俭。男婚女嫁，切勿奢华装体面；款宾待客，切勿艳丽强撑持；馈送当随时，切勿那扯做人情；施济当量力，切勿勉强称大慨；至衣食本生命之具，只求饱暖足矣；澹泊酒饭尽可度朝昏，何须珍错盈席；布帛衣裳尽可御寒暑，何须文绣耀躬。且器以供用，土簋陶匏不嫌固陋，焉用刻玉镂金？屋以安身，茅茨土阶不嫌卑污，焉用雕梁画栋？他若宴饮玩游，结会赛社，演戏闹灯，一切无益之费，均宜裁之。

务正业。人道以养生为急，养生以谋业为先。择术殆不可不慎也。每见世有游手之徒，或则拉管闲事，为媒作中，此等之人费唇弄舌，耽搁工夫，止图些须蝇头，那顾一生养活；或则娴习杂居，专学歌弹，此等之人虚浮浪荡，欢笑度日，止顾一时嬉戏，那惜将来漂流。吾愿子孙除读书外，或务本，或逐末，随时度力自择。而上所言诸病，急宜力戒。

息讼争。立品持身，惩忿为上；保家守法，忍辱宜先。吾族家传忠恕，颇称仁厚，惟愿我子姓辈各保身家。凡户婚债产，口角细故，宜听亲朋劝释，勿因微小之嫌而成仇，勿听旁人之唆而构讼，勿舍家庭宴乐而寻歇店之凄凉，勿抛闾里安闲自讨路途之跋涉，勿惹差役上门而受无限之诛求，勿惹刑责上身而忍难堪之痛楚。苟或不慎，一字公门，九牛难拔，费去钱财，抛荒正业，所谓争瘦山、卖肥田，究何益哉！

禁赌博。赌博之戒，律例森严，所以教民守分安生也。乃有少年，追随匪类，以斗牌掷骰为生涯，将谓辛勤苦挣莫如白手赢钱，不知我欲胜人，人欲胜我。胜负无常，侥幸赢来，难免随手浪用，更场输去，谁肯分文相让？是输者是真，赢者是假，几见赌博之人能创业致富？待至因赌贫穷，始而鬻田卖产，甚而做贼为非，皆由此起。赌博之弊可胜道哉！惟将赌博工夫，或去耕荒，或去学艺，用心于有益，置力于正经，便可仰事俯畜，即是肖子，即是良民。

节嗜欲。养生之道，莫过于清心寡欲。甘脆肥醲，腐肠之药；皓齿蛾眉，伐性之斧。声色臭味，纵恣无厌，必生灾祸。至于淫为恶首，尤为少年子弟所当戒。艳花迷蝶魂断芳丛，色鬼邪魔日寻欢洞，此败名败节、丧身丧命之所由致也。嗟夫，酗酒招祸，倾家之由；因嫖损寿，贻亲之羞。吾族后生，可不凛凛于斯哉！

家条十戒

节选自《富顺西湖曾氏祠族谱》(四川富顺)

一曰祖宗者，子孙之根本也。子孙者，祖宗之枝叶也。后之人生百世下，不见祖宗之面目，祭祀不失其礼，完然祖宗之在耳目也。苟不肖，废祭侵葬，或贫穷而变卖，是皆逆天之罪也。为子孙者重戒之。

二曰纂修族帙，盖使人知吾族之众也。或居里闬，或分处远方，来历详明，不妄指他人以为祖也。昭穆长幼之序，亲疏衰麻之等，自有条而不混，不致卑逾尊、疏逾戚可矣。苟不能然，则礼义自他，风俗日颓。为子孙者宜审之。

三曰同宗之人虽分处，但所有基业，或承受祖宗，或承受他人，各有分数。苟不安分，因争小失大，或兴讼而破家。为子孙者宜儆戒之。

四曰士农工商，民之常业。凡吾族属，各安其一，或兼其二。或士农之余，可以为工商；工商之余，可以为农士。若不守此，苟求夫利，非吾族类矣。为子孙者不可不审矣。

五曰贫人之所恶，富人之所欲，贫富两途，实系于天，不由人也。吾族虽众，贫者须安分以守其贫，富者当好礼以安其富，勿以富而吞贫，勿以贫而妒富，则贫富相安，和气自生，斯为美矣。为子孙者宜遵焉。

六曰嫁娶之道，古今所同。但古人嫁娶，各择其德，今虽不能，凡我族内，有子当娶，有女当嫁，婚姻之际，务择善良。贪求美色，配结下贱，实为玷辱祖先。为子孙者，可不儆乎？

七曰凡我族内，或贫乏，生死患难，无论其亲疏，当抚恤之，周急之，救援之，则族日盛强。为子孙者宜鉴之。

八曰乡党宗族之间，岂无争讼？并直公道之人，未必不可以婉言劝息，决不可任其私意，欺心害人。为子孙者当重思之。

九曰同族之人，当以读书为上，投明师，交益友，通五经之理，详六艺之文，究诸子百家之言，黜异端邪说之弊。居家可以教子弟，庭训堪型；用世可以事明君，尽忠报国。显亲扬名，此其最也。不然愚何以明，柔何以强，吾族何以有光哉！为子孙者，宜深致思焉。

十曰睹此谱帙，岁时祭祀之间，方知祖宗之根源，凡有祭仪不可诿也。为人后者宜勉之。

家　训

节选自《石莲曾氏七修族谱·三修家训》(湖南湘潭)

勤祭扫。入庙思敬，过墓思哀。祭扫之发于仁孝者深矣。

孝父母。自受气成形，十月怀胎，分严父之血脉，三年乳食，分慈母之膏脂，举动则跬步不离，疾痛则梦魂不安，罔极深恩，其不可不报也明矣。我族子孙，思报生成之德。服古者务宜显亲扬名，俾二人有丰厚之糈；即食力者亦宜衣帛食肉，庶二人无冻馁之嗟。此虽未克尽孝道，无遗憾于天亲也。惟中年琴瑟绝调，老迈鹿车失挽，午夜凄凉，每向孤灯而浩叹；佳期冷落，常对破镜而增伤。当此严存慈没，萱寿椿凋，为人子者更宜左右承欢，留心体贴。

敬伯叔。语云："十年以长，以父辈事之；五年以长，以兄事之。"属在他人，尚宜敬重，况一家伯叔与吾父敌体者乎？近见人间子侄辈罔识长上之理，藉口简易之便，呼名道字，行坐毫无退让，说你叫他，应对全不谦逊。伯叔之前，尚且如此倨傲，其放荡于礼法也可知。至若为伯叔者，亦宜端重自处，无嬉戏效尤，在我既有庄厉之风，子弟自无亵玩之意。否则，父兄之教不先，子弟之率不谨，是谁之愆？可不懔诸！

宜兄弟。兄弟虽形分而气异，实同胞以共乳。当孩提时，左提右挈，俨若禽鸟同林。至长成日，较长论短，几类雁行折翼。遂致阋墙起衅，角弓兴嗟，种种积弊，殊可悼叹。一体谊深，孔融有分梨之让，同枝情切，姜氏有同被之眠。效乃前徽，勿蹈后辙。庶太和聚于一室，嘉气彰于门内矣。

明夫妇。盖闻乾坤定阴阳之位，离坎别左右之交。感成咸遇，成姤刚柔，始成交济，三十娶二十嫁，男女历有定期。近世鲜克由礼，有姑表而结匹偶，姨表而缔好逑。又有同姓为婚，而曰我不同宗，不知赐姓受氏，其初原属一本。况夫妇为人伦之始，闺门乃王化之源，若只图目前之好合，不顾他日之声名，六礼告成之后，竟以兄妹姑姨俨调琴瑟之欢，廉耻安在？论习俗之最陋者，为我族人训。

和乡党。乡党设而睦姻，任恤之教随之矣。每见末俗繁华日盛，饰智欺愚，逞贤弄顽，猜嫌遂生于中；挟贵凌贱，恃富侮贫，傲慢日形于外。甚至锱铢微利，等闲口角，稍有拂意，非构讼于公庭，即经投于里保，报复相寻，伤风败俗，大不堪问。曷思让畔让路，熙皞之化可怀；相友相扶，亲睦之风未艾。况人居世宙，宗族乡党尽属桑梓恭敬。一朝能忍，乡里称为善良；小忿不争，党闾推为长厚。在我既有包容之量，在彼必生愧悔之心。至硕德耆年尤宜隆重，则董率有方；胶庠髦士更当钦成，则楷模有自。鼠牙雀角之争不生，仁义敦庞之俗益笃矣。

隆师友。《易》曰："师道立而善人多"。又曰："友也者，友其德也"。是以古人有千里从师，就其楷模；四海访友，慰其饥渴。何今人之不古若哉！既延师肄业，务虚心奉教，方有相长之益，无如面奉心违，礼貌不存。既有友就正，宜声应气求，乃有责成之道。奈何群居终日，优游自耗。如此之人，虽有严师，难以挽其颓靡；虽有良友，难以鼓其奋兴。一室授受，莫尽师弟之谊；同堂考订，难望丽泽之雅。嗣后族内无论成材童蒙，切记不可轻师慢友。重师友即以爱子弟，可忽乎哉！

勤诵读。夫子弟质属中材，性介成败，其必藉于诵读也明矣。每见今人读书，类非昔人真实。假蹈风流，八股犹多支离，动曰诗赋全璧；装成儒雅，五经全未体会，辄云机杼一家。袭师友笔墨，饰父兄耳目，究问实学等于面墙，不知学贵心得。方未开读，必须心领神会；及至展卷，俱要口到眼到。熏陶既久，纯熟日生。由斯应试，自当取青紫如拾芥；即不能上进，亦可超凡脱俗。子弟诵读，关门户盛衰，岂细故哉！

务农桑。史云："人生一日不再食则饥；终岁不制衣则寒"。是欲不饥不寒，农桑实为保身切要，王道始基。最恨男子游手好闲，拍肩执袂，虽名耕耨，实多失时；妇人贪眠爱睡，鼓舌摇唇，虽曰纺绩，每见机空。其家空乏可以立待。今族内除诵读外，耕织大是先务，果合男无舍其耒耜，自有余粟；妇无休其纺绩，自有余布。男妇相资，彼此通用，衣食之资不竭，诵读亦于以多赖。

先气质。学者为学，所以变化气质。我族系出宗圣，省身守约之学，祖武虽未易绳，然或父兄之教不先，子弟之率不谨，言动语默，一味粗鄙暴戾，牛马襟裾，固为有识所屏斥；即有读数十卷书，便自高自大，陵忽长者，轻慢同列，亦先儒所谓以学求益，今反自损，不如无学者。此等气质，人家亦何乐有此子弟哉！故士农工商，所习不必一业，务要温厚和平，不许半点粗豪。间有气质难驯之辈，尤宜涵育熏陶，俾渐摩既久，自然变化，将来涵养成而生气质。古有明训，何可忽也？抑亦家教所攸赖也，先务岂不在此乎！

惜文字。夫文字所以载道，凡精旨微言，存故纸者悉原本五经，不独圣贤姓名赫赫已也。人家子弟或素无父兄长者讲明此义，遂至典籍不知爱护，风雨毁伤，朽蠹于敝笥故箧中，难以枚举。不惟德行有累，书香恐亦渐歇，不忍言矣。岂知敬惜文字，实士大夫百行之一务，在父戒兄勉，凡片纸只字，俱以贵若金玉，弗容稍有缺坏。所宜笃信力行，家门昌大，于此亦一助云。

厚姻娅。属姻娅共吉凶而同忧患。古人有数世犹加赒恤者，况血属具在，奈何漠不相关，如秦越之人视肥瘠乎？孝友睦姻任恤，同列六行，《周礼》大司徒教三物而宾兴万民，物我一体，理本大顺，姻娅可知矣。守此训而行之，唐虞三代之风尚可再见，非独吾族之美已也。

戒争讼。世人经术不娴，动辄以健讼为事，及至两败俱伤，噬脐已自无及。愿我族人各宜安分守己，毋以强凌弱，毋以众暴寡，遇雀角鼠牙，平心解释，切勿逞一时之忿，登三尺之廷。况官府断不徇情，徒饱吏胥之橐，发肤身体，无端受其摧残，不孝莫大于是。而家产之破碎，又不待言矣。

救水旱。水患旱灾，尧汤在上亦不能免，要在邻里乡党交相救护，斯水旱不致大伤耳。果能体同忧共患之义，自然和气致祥。若水旱一至，只知自私自利，争斗必起，讼狱必兴，是三灾并集。故水旱之救，列为家规，最关切要，非泛论也。

禁戏场。败坏风俗之事非一，演戏亦其一端。平空将有限之财，费诸无益之地。其祸不可胜言。

家 训

选自《吉阳曾氏族谱》(福建上杭)

谨遵《圣谕十六条例》为家训

敦孝弟以重人伦。

笃宗族以昭雍睦。

和乡党以息争讼。

重农桑以足衣食。

尚节俭以惜财用。

隆学校以端士习。

黜异端以崇正学。

讲法律以儆愚顽。

明礼让以厚风俗。

务本业以定民志。

训子弟以禁非为。

息诬告以全良善。

诫窝逃以免株连。

完钱粮以省催科。

联保甲以弭盗贼。

解仇忿以重身命。

宗规十六条

节选自《澧阳曾氏族谱》(湖南石门)

乡约当遵。孝顺父母，尊敬长上，和睦乡里，教训子孙，各安生理，毋作非为。这六句包尽为人的道理，凡为忠臣、为孝子、为顺孙、为良民，皆由此出。无论贤愚，皆晓此文义，只是不肯着实遵行，故自陷于祸恶。

祠墓当展。祠乃祖宗所依，墓则体魄所藏。子孙思祖宗不可见，见所依所藏之处，即如见祖宗一般。祠而时祭，墓而时展。此事死如事生，事亡如事存之道，人人所宜首讲者也。

族类当辨。类族辨物，圣贤不废。故谱内必严为之辨，盖神不歆非类，处己处人之道，固当如是也。

名分当正。非族者辨之，家人所易知易能者也。同族者实有兄弟叔侄名分，彼此称呼，自有定序。近世风俗浇漓，或狎于亵昵，或狃于阿承，皆非礼也。

宗族当睦。睦族之要有三：曰尊卑，曰老老，曰贤贤。又有四务：曰矜幼弱，曰恤孤寡，曰赒穷急，曰解忿兢。引伸触类，为义田、为义仓、为义学、为义冢，教养同族，使生死无失所，皆所当为者。

闺门当肃。男正位乎外，女正位乎内，圣训也。君子正家，取法乎此，其闺门未有不严肃者。纵使家道贫富不齐，如馌耕采桑操井臼之类，势所不免，而清白家风自在。教妇在初来，择妇必世德。闲家之道，一切严禁，庶无他患。

蒙养当教。闺门之内，古人有胎教，又有能言之教，又有小学之教、大学之教，是以子弟易于成材。今俗教子弟，上者教之作文取科第功名止矣，功名之上，道德未教也。次者教之杂字柬笺，以便商贾书计。下者教之状词活套，以为他日刁滑之地。虽教之，实害之也。须知子弟之当教，又须知教法之当正，又须知养正之当预也。

姻里当厚。姻者，族之亲里者。族之邻，远则情义相关，近则朝夕相见。宇宙茫茫，幸而聚集，亦是良缘。若持强凌弱、倚众欺寡、倚富欺贫，捏故占人田地、风水山林、疆界，放债违例，过分取息，此皆薄恶凶习。

职业当勤。士农工商虽不同，皆是本职。勤则职业修，惰则职业隳。修则父母妻子仰事俯畜有赖，隳则资身无策，不免訾笑姻里。然所谓勤者，非徒尽力，实欲尽道。如士则先德行，次文艺，切勿因读书识字，舞弄文法，颠倒是非，造歌谣，匿名帖；仕宦不得以贿致官，贻辱祖宗；农者不得窃田水，纵畜牧，欺赖田租；工者不得作淫巧，售伪器；商者不得纨绔冶游，酒色浪费。

赋役当供。以下事上，古今通义。赋税力役之征，国家法度所系。

争讼当止。太平百姓完赋役、无争讼，便是天堂世界。盖讼有害无利，要盘费，又要奔走，若造机关，又坏心术。甚至破家忘身辱亲，冤冤相报，害及子孙。总之为一念客气，始不可不慎。须要自作主张，不可听讼师棍党教唆，财被人得，祸自己当。省之省之。

节俭当崇。人生福分，各有限制。若饮食衣服、日用起居，一一俭朴留有余，不尽之享，以还造化，是可以养福。奢靡败度，俭约鲜过，不逊宁固，圣人有辨，是可以养德。

多费则多取，多取则不免奴颜婢膝，委曲狥人，自丧几志；少费则少取，随分自足，浩然自得，可以养气。且以俭示后，子孙可法，有益于家；以俭率人，敝俗可挽，有益于国。

守望当严。民族虽散居，然多者千烟，少者百室，至少者数十户，兼有乡邻同井，相友相助。出入有事，递为应援。盖思患预防，不可不虑。

邪巫当禁。一切左道惑众诸辈，宜勿令至门。此是齐家最紧要的事。

四礼当行。先王制礼，冠婚丧祭，四礼以范后人。民生日用常行，此为最切，惟礼则成。父道荣、子道成，夫妇之道无礼则禽彘耳。而民俗所以不由礼者，或谓礼节烦多，未免伤财废事，不知师其意而用其精。至易至简，何不可行。

谱牒当重。祖父名讳，孝子顺孙，目可得而睹，口不可得而言。收藏贵密，保守当谨。每岁清明、冬至祭祖时，各宜带所编字号原本，到祖祠内会看一遍。祭毕，即各带回收藏。

曾文正公遗嘱四条

选自《曾文正公家训》

余通籍三十余年，官至极品，而学业一无所成，德行一无可许，老人徒伤，不胜悚惶惭赧。今将永别，特立四条以教汝兄弟。

一曰慎独则心安。自修之道，莫难于养心；养心之难，又在慎独。能慎独，则内省不疚，可以对天地质鬼神。人无一内愧之事，则天君泰然，此心常快足宽平，是人生第一自强之道，第一寻乐之方，守身之先务也。

二曰主敬则身强。内而专静统一，外而整齐严肃，敬之工夫也；出门如见大宾，使民为承大祭，敬之气象也；修己以安百姓，笃恭而天下平，敬之效验也。聪明睿智，皆由此出。庄敬日强，安肆日偷。若人无众寡，事无大小，一一恭敬，不敢懈慢，则身体之强健，又何疑乎？

三曰求仁则人悦。凡人之生，皆得天地之理以成性，得天地之气以成形，我与民物，其大本乃同出一源。若但知私己而不知仁民爱物，是于大本一源之道已悖而失之矣。至于尊官厚禄，高居人上，则有拯民溺、救民饥之责。读书学古，粗知大义，即有觉后知、觉后觉之责。孔门教人，莫大于求仁，而其最初者，莫要于欲立立人、欲达达人数语。立人达人之人，有不悦而归之者乎？

四曰习劳则神钦。人一日所着之衣所进之食，与日所行之事所用之力相称，则旁人韪之，鬼神许之，以为彼自食其力也。若农夫织妇终岁勤动，以成数石之粟数尺之布，而富贵之家终岁逸乐，不营一业，而食必珍馐，衣必锦绣。酣豢高眠，一呼百诺，此天下最不平之事，鬼神所不许也，其能久乎？古之圣君贤相，盖无时不以勤劳自励。为一身计，则必操习技艺，磨练筋骨，困知勉行，操心危虑，而后可以增智能而长才识。为天下计，则必己饥己溺，一夫不获，引为余辜。大禹、墨子皆极俭以奉身，而极勤以救民。勤则寿，逸则夭；勤则有材而见用，逸则无劳而见弃；勤则博济斯民而神祇钦仰，逸则无补于人而神鬼不歆。

此四条为余数十年人世之得，汝兄弟记之行之，并传之于子子孙孙。则余曾家可长盛不衰，代有人才。

家 训

节选自《江阴曾氏续修宗谱》(江苏江阴)

敦孝悌。夫子曰："弟子入则孝，出则悌。"有子曰："孝悌为仁之本。"人能孝悌，自能不犯上不做乱。求忠臣必于孝子之门，故当以孝悌为首务。

宜睦族。夫同气连枝，皆归一本。睦族之道，凡为父兄者，当为子弟日日教之，此即敦本之道也。

务节俭。当思用之者舒，则财恒足，故虽千乘之国，尚宜节用，况居家有限之产耶？凡事宜省啬，亦当节之以礼，勿得踵事增华。“与其奢也，宁俭。”夫子之训，不可忘也。

崇礼让。《易》曰：“礼和而至，谦尊而光。”乡党邻里，大抵亲串为多，设使踞傲习惯人，亦不能敬礼，便为弃人。故处世要当以谦和为贵。

家训十六条

节选自《江西省赣州府长宁县扩田曾氏三修族谱》

敦孝友。父母身所自出，虽竭力以事，未能少报万一，是宜承欢尽孝，及时奉养，以供子职，勉自树立，克绍箕裘，以慰亲心。兄弟之伦，手足连枝，固当亲爱。勿因田土财利致相争竞，衅起阋墙。况谗言易间，私爱易惑，尤莫轻信，以伤同气而怼父母。此训诫所宜首及者也。

慎婚配。夫妇人伦之始。凡结婚合配，当慎其家世相当，究其清白与否，无或轻忽苟且。若不慎重，非特贻笑乡邻，且玷家声不少也。

厚宗族。宗族同出一本，务宜和协以昭雍睦。有喜相庆，有患相恤，外侮相保御，切勿以富欺贫，以强凌弱。

重祠宇。祠宇为祖宗凭依之所，子孙敬事之地。四时共祀，蒸尝勿替，诚宗族之光，亦礼之所重也。

防渎乱。族属亲疏本出一祖，生女娶妇当如同胞而视，切勿稍萌邪淫以伤祖心。

严家范。族内有德行事业，可为师法传述者，当附录其善，于谱名之下，以垂不朽。如有恶行非为，败检灭伦，坏祖父名德者，亦必书为炯戒。

崇斯文。家有斯文，犹身之有眉目也。眉目不具，不得为完人；斯文不重，不称为右族。为父兄者，当隆师重道，培养成材。

遵礼教。冠婚丧祭，礼之大者。凡此四者，亦称家之有无，勿夸耀而务名，勿苟简而废礼。

重继嗣。

肃体统。人以礼为节，礼以让为先。姻戚宾朋晋接，犹相揖让，所谓有礼者敬人，敬人者人恒敬之也。

禁赌博。有衣食子弟，初时被人哄诱，稍得银钱，遂生贪心。迷而不省，卒至荡产倾家，无所不至。即能操常胜之术，亦为丧良害理，岂可为得计？凡此种种，皆因家教不严，由浅入深，为父兄者最宜预防、切责。

务本业。富贵虽曰在天，成败实存乎人。上者奋志诗书，扬名显亲；其次务本力农、经商服贾，亦足谋生成业；下至习艺执技以食，于人犹不失为安分良民。

安本分。各房财产初无不均，及后则有贫富不一。贫者宜自务农食力，且勿恃强肆泼，设谋诈取，暗中倾陷及为盗贼之行。富者亦不可为富不仁，徒作守财之虏。

清漕运。

急赋税。

珍族谱。族谱之设，原以明祖宗之世系，为子孙查考之徵验，其不可不什袭珍之乎！

家法十二条

节选自《武城曾氏重修族谱》(湖南宁乡)

戒触犯父母。凡我族中子弟各发天良，竭力以服其劳，承欢以养其志。以笃孝思，以光门闾，以显家训。

戒废弛祭扫。凡我族中各宜守法，时加修理，荐为馨香，以明探源，以重报本。

戒盗葬盗伐。凡我族人各遵先界，罔图吉穴，罔希私利，以睦同宗，以妥先灵。

戒欺尊凌卑。凡我族中各安职分，常存爱恤，常守礼法，以蔼家庭，以敦伦理。

戒悔婚拆嫁。凡我族中毋藐法坏伦，毋伤风败俗。或有贫不能嫁娶，娶不能生活，欲拆离者，族众应倡义举，以免抛离，以全节义。

戒盗窃非为。凡我族中各守本分，毋引类呼朋，东荡西游，以振家声，以光祖考。

戒赌博抽骰。凡我族中各务生理，切勿荡产，甘为孤注。

戒强抢强掘。凡我族中各守理法，毋恃势强，毋恃力健，以靖地方，以杜凶暴。

戒习唆健讼。凡我族中各安淳良，毋因隙而暗地主摆，不畏詈辱公廷，毋恃巧而动辄诬架，不惮祸殃子孙。以保身家，以敦厚道。

戒酗酒放肆。凡我族中各守酒诰，各养天性，毋毁名败行而辱及终身，毋乱德失性而贻羞族戚，以保身名，以显家教。

戒学习法打。凡我族中各循正道，毋恃血气之勇，逞一朝之忿，以杜恶习，以保身家。

戒停留匪类。凡我族中各宜遵法，毋停异言异服之人，毋留面生心歹之辈，以免拖累，以靖族邻。

宗规十四则

节选自《武城曾氏族谱》（湖南浏阳）

敦孝悌。亲亲敬长之义，根于至性。天性一漓，有重赀财而薄父母者，有听妇言而乖骨肉者，有信谗毁以致父母不训者，此家门凌替之事，吾族人其切戒之。务必父与父言慈，子与子言孝，兄与兄言友，弟与弟言恭，斯处则为良民，出则为良臣。

睦宗族。但思村僻乡愚，《论》、《孟》无家不读，求其口诵心维，身体力行者，杳不可得。睦族一条，为家法第一件紧要事，庶九族睦而宗法明也。

重祭祀。祖宗虽远，祭祀不可不诚。夫陈牲设奠，吾知其为祭祀，倘不精不洁，未尽思诚之心，先图大嚼之供，其谓之祭祀乎？凡我族人，值祭祀之期，务必斋戒诚敬。若徒事虚文者，吾不欲观之矣。

肃尊卑。凡我族幼年子弟，为父兄者宜先教以见长上必起身侍立。隅坐随行，不可谑浪笑语、蹲踞越席、疾行先长。为尊长者，宜自端范模以示表率。

严闺阃。男女正则家道昌。闲家之道，闺门宜肃。不可驰其防维，以贻帷薄不修之耻。

勤教育。古者童子八岁入小学，十五岁入大学，故人才辈出，以解浇风。有教子弟之责者，必为之择良师取益友，以尽熏陶涵育之方。

务本业。士农工商各有一业，以一人而习一业，必有分内当为之事。如朴者农，秀者读，牵车服贾习艺学技，各专其业，则或以成德，或以起家。若舍业而嬉，至于游手游食，资生无策，势必流入歧途。

尚勤俭。凡天下事，勤而力者必获其报，俭其用者必厚子孙。凡居四民之列者，如能以殷勤相劝勉，以俭约相规戒，则职业修而家道丰。若骄奢成性，怠惰自安，未有不败者。

先赋税。有恒产之可耕，即有赋税之当输。

息争讼。争讼之起，由于使气使势；息讼之端，在能忍能让。盖忍之气可平，让则势可抑，讼自无矣。明知讼则终凶，或特广钱通神，可辅无理为有理；或特衙门惯熟，可使不服而能服。岂知抱屈深而怨仇愈不可解。与其后悔无及，何若早自回头。为父兄者宜切齿诲之。勿以气势为使，以告状为能，而不知保家惜福之善策也。

积阴骘。务宜以实心行实善，危者救之，贫者济之，难者解之，善者成之，恶者化之。父子不和，兄弟不睦，宜从中劝导之；怨仇不解，是非不散，宜从场排解之。《易》曰："积善之家，必有余庆。"其在斯乎！

重谱牒。谱牒原系历代根苗，最要珍重。勿被污秽之物所玷。不可私自涂抹添改。倘有私鬻谱系及与人抄录者，准以不孝论。

戒溺女。《易》曰："乾道成男，坤道成女。"阴阳不可偏枯，男女自应并重。我族之人，各宜懔遵毋忽。

端品行。人苟品行不端，必为宗族乡里所鄙薄，虽富犹贱，虽贵仍辱，虽为农工商贾，终为轻薄浪子，腼然人面，不滋愧乎？凡我族人，渎伦灭法，究不容贷。濮上桑间，禁在必严。世间许多逆罪重案，皆为情欲所封，以致罹刑枉死。败坏品行之事，宜切戒之。

家训八约

节选自《曾氏四修族谱》(湖南益阳)

崇祀典以报祖先。万物本乎天，人本乎祖。豺獭尚知祭报，矧伊人也，而可或忘乎？望我族人必春祭于墓，秋祭于堂，而且岁时伏腊孝享频伸。忌日必哀，称讳如见亲，祀之忠也。

敦孝敬以事父母。世有口体能养，孝敬全无。甚至忤逆待亲，国法家规所必惩也。故必视无形，听无声，先意承志。《礼》曰：“啜菽饮水尽其欢，斯之谓孝。”

尚友爱以和兄弟。兄弟譬如手足，人之一身，未有不赖手足以运用者。盖肢体相联，血脉相通也。世有视兄弟如仇雠，联异姓为骨肉，亲亲之义安在？故必笃友恭，歌式好。

存礼义以训妻子。治国必先齐家。苟夫妻反目，父子相夷，家政乖矣。故必相敬如宾以接之，弗纳于邪，义以教之。

矢忠信以睦族邻。族乃祖宗脉络，邻多故旧婚姻。不睦不姻，不任不恤，有常刑矣。世有一本视若途人，同乡指为秦越，此忠信不存故耳。故必知有同姓敦以雍睦，知有异姓重以婚姻，知有乡邻勤以任恤。

去奸匪以存名节。名节为生人之大闲，品端而名乃立，行正而节乃全。世有奸险居心诈伪，应事甚至见利忘义，无所不为，斯名败而节乃隳矣。故必不陨穫于贫贱，不充诎于富贵。

戒漂荡以固家产。四民之业，原各有常，合族之人难一其志。如湎酒冒色，博弈斗狠者，尚能保其家业乎？故必聆君相游惰之罚，无即蹈淫；念祖宗开创之艰，无从匪彝。

勤耕读以振家声。士农工列四民，而必勤者何？盖勤耕勤读，富贵有基；力学力田，门闾必大。苟图安逸，则馁在中，而学不殖矣。故必犁雨锄云，不辞胼胝之瘁；囊萤案雪，无惜披吟之劳。

规 条

节选自《萍北泉溪曾氏族谱》（江西萍乡）

敦孝悌以重人伦。亲亲长长，人所当尽。爱敬之心，通之事君则忠，孝友则信，型妻则和，故五伦莫先孝悌。物类且然，而况人为万物之灵乎？是敦孝悌为人生第一义也。

隆师长以作人才。先王之制，民生于三事之如一。盖父母生之，君养之，而师成之也。欲出人才，须敬师长。不但士庶公卿，虽天子亦然。人情莫不爱子弟之成人，然徒有是心，而不隆重师长，谁为造成之者？

正婚姻以维风化。闺门为风化之始。夫妇居伦，类之先风。《诗》首《关雎》，大《易》始《乾》、《坤》，婚姻之道，不可以不明也。嫁女者当择贤婿，娶媳者当求淑女。男家勿嫌妆奁之薄，女家勿嫌聘礼之轻。须要门户相当，不可良贱为婚，败坏风俗。礼法之家，懔之慎之。

谨过继以正伦常。要皆以不紊昭穆为主，倘以弟继兄，以孙继祖，是紊昭穆矣。

立廉耻以端人品。人之所以为人者，以有廉耻也。若廉耻道衰，一切非礼非义之事，无不昧然为之。古人一介不取，守身如玉，饮食男女，较然不欺。有廉耻然后有名节，有名节然后有事功，故廉耻尚焉。

修礼让以厚风俗。凌竞之风，渐不可长。天下事争则不足，让则有余。家庭乡党之间，皆祖父以来世其聚族者也。即偶有鼠牙雀角，非意相加，可以理劝不可以情恕。倘一言不合，攘袂挥拳，大伤和气，非古人入家回井，相亲相逊之风。况一时不忍，变出非常，非所以守福泽也。

清赡祭以广孝思。为人子孙而忘其祖宗，非礼也。未立

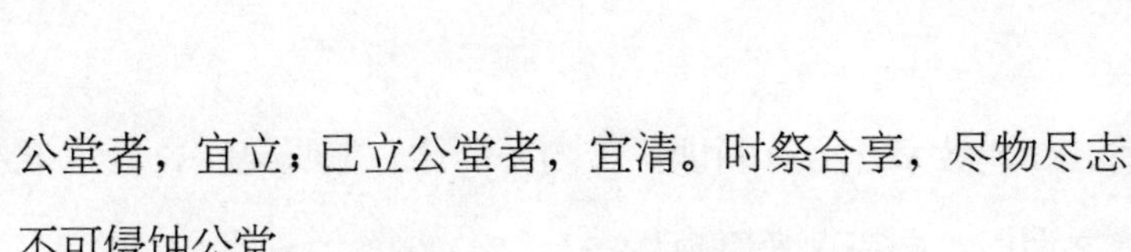

公堂者，宜立；已立公堂者，宜清。时祭合享，尽物尽志，不可侵蚀公堂。

置膳学以绵书香。士为四民之首，欲振家声，必需读书。然族众人繁，贫富不一。贫者室如悬磬，衣食莫给，纵有佳子弟，未有不因以弃之也。固宜厚立膳学田租以资助之，则书香绵远，门第有光，岂不美哉！

习勤劳以修职业。职业不修，则游民矣。人逸则淫，淫则忘善。若士不士、农不农、工不工、商不商，出入花街柳巷、赌场酒肆，而欲成家作人，难矣。

崇节俭以惜物力。天地生才，止有此数，不可以有尽之才，填无穷之欲。粗器皿，布衣服，传家之宝。冠婚丧祭，称家有无。祖宗产业，自手田园，岂忍一身享尽。汉文惜露台之费，晋武焚雉头之裘，诚见物力之可惜也。帝王且然，而况于士庶乎？

谨谱牒以专责成。谱牒者，合族之存殁所关。务使不蛀不烂，历久如新。

家规八则

节选自《沙溪曾氏重修族谱》（河南攸县）

敦伦。尧舜之道，孝悌而已。况吾家至德要道得诸亲承，仁让教家，历有明训。若内多惭德，父叹兄嗟，祗承祗恭之谓何？吾宗人尚慎旃！

定分。天尊地卑，乾坤定矣。卑高以陈，贵贱位矣。故夫贱妨贵，少陵长，远间亲，新间旧，小加大，淫破义，六逆之行，适以速祸，至败亡而始悔，不已晚乎！我族属当思易箦以正，强事不可，则先公之遗范所宜永遵。若夫绿衣黄里，狐裘蒙茸，不又行之已甚，而为有道之所深鄙者欤？

崇善。积善余庆，《易》言之矣。又曰："善不积不足以成名。"盍思自欺自慊之判，十目十手之严，先公诲已谆谆，尚敢蹈淫哉？除恶务本，自然降之百祥。

尚齿。国家乞言有典，让善有文。凡以天下之达尊，乡党为重，古今之通义，子弟宜遵。自夫世风日下，古处弗敦，耰锄德色，箕帚谇语，行不让路，坐不让席，揆诸尼山至教，贤智不以先人，乡饮必俟杖者，其罪可胜追与？夫武城之忠敬何如，亲故之仁厚奚若？吾宗人敢彝伦之弗叙哉！

崇祀。事死如生，事亡如存。故知孝子之祭，僾见忾闻，非第《春秋》具文已耳。若或高卧不起，享祀不洁，甚则跛踦以承趋跄、无度喧哗、长饮，其致玷于慎追之意深已，可勿重罚乎？至如祭扫失时，筑墓涣散，其罚亦当明。

节义。妇人从一而终，丈夫立德为上，刚大之气，所以充塞。吾家托孤寄命，大节不夺，明训煌煌。凡翼教扶伦之

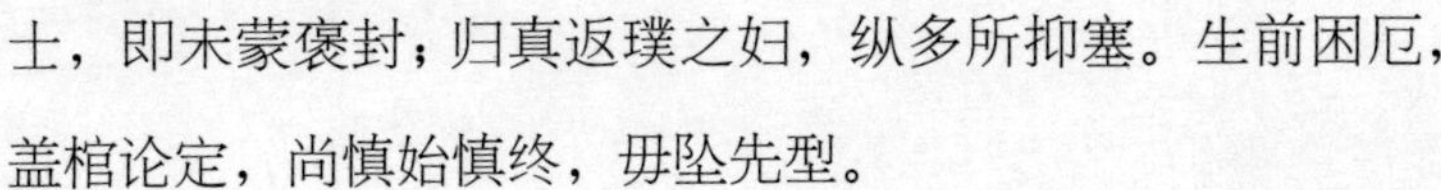

士，即未蒙褒封；归真返璞之妇，纵多所抑塞。生前困厄，盖棺论定，尚慎始慎终，毋坠先型。

勤俭。天下无不可为之事，惟勤有功；天下无不可丧之家，惟俭能久。古帝王茅茨土阶，日昃不遑，所谓以勤俭先天下也。近代子弟席先世余烈，御温食肥，常年游手，自鸣得意。呜呼，竖子！吾将立见其败矣！

秉公。苟利于己，遑恤人言。邪曲害公，方正讵能容哉！述南山诗，报西河杖。皇祖有训，曷敬听之。

（二）曾氏宗子世系表

世代	名	字号	备注
二	元	子元	
三	西	子照	
四	钦	子敬	
五	导	若得	导，一作“昇”
六	羡	学馀	
七	遐	子盛	
八	炜	子美	炜，一作“伟”
九	乐	训韶	训，一作“舜”
十	浼		
十一	旃	申劝	
十二	嘉		
十三	宝	惟善	
十四	琰		
十五	据	恒仁	
十六	阐		
十七	植		
十八	耀		耀，一作“燿”。汉谏议大夫
十九	培	本固	
二十	德		
二十一	珣	贵文	
二十二	涣		
二十三	梓	伯琦	
二十四	勰		镇南君司马
二十五	端	正翼	

续表

世代	名	字号	备注
二十六	铉	道远	
二十七	海		一名炅。任襄州录事参军
二十八	璜		
二十九	兴	兆发	
三十	隆	迪蕙	
三十一	钧	洪举	给事中
三十二	谋	以忠	
三十三	丞		司空兼尚书令
三十四	珪	子玉	
三十五	宽		
三十六	庄	子莅	唐侍御史，江州都押衙
三十七	庆		唐御史大夫
三十八	骈		曾庆长子曾伟，次子曾骈。明吕兆祥《宗圣志》以伟为三十八代，曾骈之子曾耀为三十九代。清同治二年《溧阳曾氏族谱》以曾伟为三十八代，伟子曾辉为三十九代（据乾隆十三年世袭翰林五经博士曾兴烈所颁《宗圣志》）。曾骈之孙曾崇范为四十代。王定安《宗圣志》云：骈之二十二代孙质粹至嘉祥受世官，自应祧伟而祖骈。此依王定安《宗圣志》
三十九	耀		南唐宫检司，拜真州刺史
四十	崇范	则模	家藏九经子史，灶薪不属，读书自若，南唐郡侯贾匡皓荐为太子洗马、东宫使
四十一	延膺	膺修	荫授部驿使兼资库使，升左班殿直、果州兵马都监
四十二	硕	伟夫	宋淳化三年 (992 年) 登第，历官黄州从事、南雄州军事判官、荣州观察判官、道江知县、朝奉郎、大理寺丞

续表

世代	名	字号	备注
四十三	承昌	雍行	
四十四	万敌	惟仁	
四十五	公整	容庄	
四十六	九思	成义	又字“得之”
四十七	文杰	卓庵	
四十八	浩古	信前	浩，一作“好”
四十九	尚忠	省己	尚，一作“上”
五十	敬父	存诚	好学力行，孝友著于郡邑
五十一	元德	旋吉	元，一作“沅”。府庠生
五十二	价翁		名琢，以字行。邑庠生
五十三	汝霖		雨苍
五十四	崇文	益雅	崇，一作“从”
五十五	利宾	翼甫	邑庠生，性孝友，好施与，乡邦称之
五十六	辅志	思修	邑庠生
五十七	德胄	好懿	邑庠生
五十八	畚用	志行	邑庠生，贯通经史，性好施，有高祖风
五十九	质粹	南武	翰林院五经博士
六十	昊	钦一	早卒，未袭封
六十一	继祖	绳之	
六十二	承业	洪福	一说字“振吾”。翰林院五经博士
六十三	宏毅	泰东	翰林院五经博士
六十四	闻达	象舆	翰林院五经博士
六十五	贞豫	字和庵，号麟野	一说字“麟野”。翰林院五经博士
六十六	尚溶	字汇伯，号松涛	翰林院五经博士
六十七	衍幯	字雍若，号乔麓	翰林院五经博士

续表

世代	名	字号	备注
六十八	兴烈	字光绪，号起祚	一说字“起祚”。翰林院五经博士
六十九	毓墫	字注瀛，号庭猷	翰林院五经博士
七十	传镇	巨山	翰林院五经博士
七十一	纪连	字仲鲁，号小山	纪，原作“继”，因避六十一代祖讳，改为纪。连，原作“琏”，因避讳改为“连”。翰林院五经博士
	纪瑚	字六华，号石舟	曾传镇仲弟传锡之子，翰林院五经博士
七十二	广芳	汝陟	一说字“屺瞻”。翰林院五经博士。早卒，以弟广甫长子昭嗣承祧
七十三	昭嗣	纂庭	四氏学生员。未及袭
七十四	宪祏	奉远	翰林院五经博士，因案革职
七十五	倩源	养泉	倩，原作“庆”，因避三十七代祖讳，改为倩。翰林院五经博士
七十六	繁山	静斋	宗圣奉祀官（1935 年）

注：此表据吕兆祥《宗圣志》、王定安《宗圣志》及所见《曾氏族谱》整理。

（三）曾氏族谱世系表

曾参（1）—元（2）—西（3）—钦（4）—导（5）—羡（6）—遐（7）
　　　　　　　　　　└中　　　　　　　　　　　└美
　　　　　├申
　　　　　└华

—炜（8）——乐（9）——凂（10）——旂（11）——嘉（12）
└盈　　　　　　　　　　　　　　　└光

—宝（13）——琰（14）——据（15，迁庐陵）—阐（16）
└项（扶风派）—玉（冀州派）　└援　　　└玚——永
　　　　　　　└涓（居青州）　　　　　　（虔州派）

—植（17）—耀（18）—培（19）—德（20）—珣（21）—涣（22）
　　　　　　　　　　　　　　　　　　　　　　└震忽
　　　　　　　　　　　　　　　　　　　　　　（韶州派）

—梓（23）——鍶（24）——端（25）——铉（26）——海（27）
└曜（蜀州派）　　　　　　　　　　└鋐（交州派）

—璜（28）——兴（29）—隆（30）—钧（31）—谋（32）—烝（33）
└琦（居仁寿乡）

—珪（34，居睦陂）——宽（35）——庄（36）——庆（37）
├旧（居云盖）　　　├绰（吉源派）
└略（居南丰）　　　├丰（袁州派）
　　　　　　　　　　├晖（广州派）
　　　　　　　　　　└隐（泉州派）

—伟————辉（居睦陂）
└骈（38）——耀（39，迁木塘）——崇范（40）——延膺（41）

—硕（42）——承昌（43）——万敌（44）——公整（45）
├频　　　　├承翰————万敞（徙九江府）
├须　　　　├承晁（徙望仙）
├颙　　　　├承顺（徙雀树，后裔徙福建宁化）
└颜　　　　└承资（徙兴国）

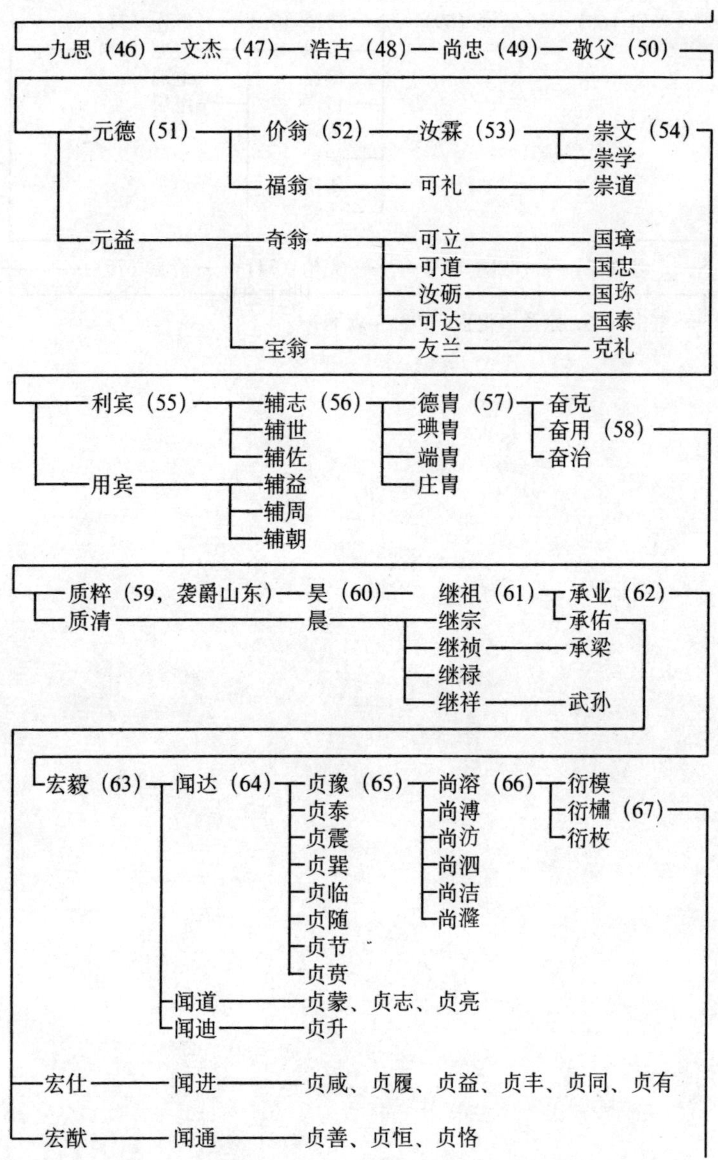

九思（46）—文杰（47）—浩古（48）—尚忠（49）—敬父（50）
元德（51）—价翁（52）—汝霖（53）—崇文（54）
崇学
福翁—可礼—崇道
元益—奇翁—可立—国璋
可道—国忠
汝砺—国珎
可达—国泰
宝翁—友兰—克礼
利宾（55）—辅志（56）—德胄（57）—奋克
奋用（58）
奋治
辅世
辅佐
珙胄
端胄
庄胄
用宾—辅益
辅周
辅朝
质粹（59，袭爵山东）—昊（60）— 继祖（61）—承业（62）
承佑
质清—晨—继宗
继祯—承梁
继禄
继祥—武孙
宏毅（63）—闻达（64）—贞豫（65）—尚溶（66）—衍模
衍樇（67）
衍枚
尚溥
尚汸
尚泗
尚洁
尚瀣
贞泰
贞震
贞巽
贞临
贞随
贞节
贞赍
闻道—贞蒙、贞志、贞亮
闻迪—贞升
宏仕—闻进—贞咸、贞履、贞益、贞丰、贞同、贞有
宏猷—闻通—贞善、贞恒、贞恪

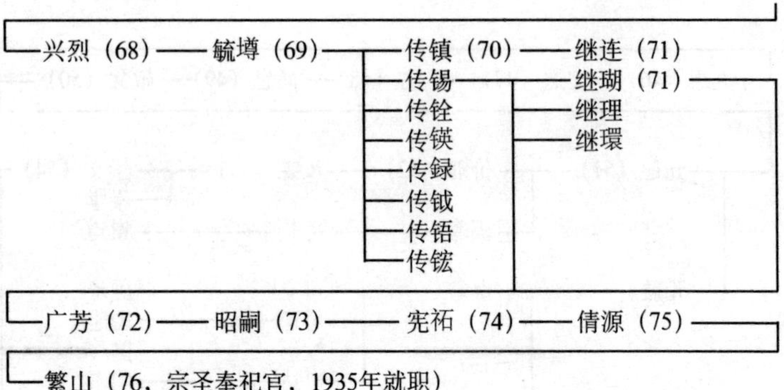
兴烈（68）
毓墫（69）
传镇（70）
继连（71）
传锡
继瑚（71）
继理
继環
传铨
传锳
传録
传钺
传铻
传鋐
广芳（72）
昭麟（73）
宪祏（74）
倩源（75）
繁山（76，宗圣奉祀官，1935年就职）

编辑主持：方国根　李之美
责任编辑：段海宝
版式设计：汪　莹

图书在版编目（CIP）数据

嘉祥曾氏家风 / 周海生 著 . –北京：人民出版社，2015.11
（中国名门家风丛书 / 王志民 主编）

ISBN 978 – 7 – 01 – 015100 – 7

I. ①嘉…　II. ①周…　III. ①家庭道德–嘉祥县　IV. ① B823.1

中国版本图书馆 CIP 数据核字（2015）第 173541 号

嘉祥曾氏家风
JIAXIANG ZENGSHI JIAFENG

周海生　著

人民出版社 出版发行
（100706　北京市东城区隆福寺街 99 号）

北京汇林印务有限公司印刷　新华书店经销

2015 年 11 月第 1 版　2015 年 11 月北京第 1 次印刷
开本：880 毫米 × 1230 毫米 1/32　印张：8.875
字数：150 千字

ISBN 978 – 7 – 01 – 015100 – 7　定价：28.00 元

邮购地址 100706　北京市东城区隆福寺街 99 号
人民东方图书销售中心　电话（010）65250042　65289539